基础入门一本通系列

U0287748

SOLIDWORKS 2021 中文版
基础入门一本通

云杰漫步科技 CAX 教研室

张云杰　郝利剑　编著

电子工业出版社

Publishing House of Electronics Industry

北京·BEIJING

内 容 简 介

SOLIDWORKS 是基于 Windows 系统开发的三维 CAD 软件，具有功能强大、易学、易用等特点。本书讲解最新版 SOLIDWORKS 2021 的设计方法，从 SOLIDWORKS 2021 使用入门开始讲解，详细介绍了其草图设计、实体特征设计、实体附加特征、零件形变特征、特征编辑、曲面设计和编辑、焊件设计、装配体设计、钣金设计、工程图设计、渲染输出和模具设计等内容，除了每一章中的实战范例，还设计了精美实用的综合范例，包括多种技术和技巧。本书还配备了多媒体教学网络资源和微信公众号及 QQ 群，便于读者学习交流。

本书结构严谨、内容翔实、知识全面、可读性强、设计实例专业性强、步骤明确，是广大读者快速掌握 SOLIDWORKS 2021 的实用指导书，也可作为大专院校计算机辅助设计课程的指导教材

图书在版编目（CIP）数据

SOLIDWORKS 2021 中文版基础入门一本通 / 张云杰，郝利剑编著. —北京：电子工业出版社，2021.10
（基础入门一本通系列）

ISBN 978-7-121-42159-4

Ⅰ．①S… Ⅱ．①张… ②郝… Ⅲ．①计算机辅助设计－应用软件 Ⅳ．①TP391.72

中国版本图书馆 CIP 数据核字（2021）第 202223 号

责任编辑：许存权

印　　刷：三河市鑫金马印装有限公司

装　　订：三河市鑫金马印装有限公司

出版发行：电子工业出版社

北京市海淀区万寿路 173 信箱　邮编：100036

开　　本：787×1 092　1/16　印张：21.75　字数：557 千字

版　　次：2021 年 10 月第 1 版

印　　次：2023 年 2 月第 3 次印刷

定　　价：89.90 元

前　言

SOLIDWORKS 是基于 Windows 系统开发的三维 CAD 软件，是一套完整的 3D MCAD 产品设计解决方案，即在一个软件包中为产品设计团队提供了所有必要的机械设计、验证、运动模拟、数据管理和交流工具。该软件以参数化特征造型为基础，具有功能强大、易学、易用等特点，是目前最优秀的三维 CAD 软件之一。在 SOLIDWORKS 的最新版 SOLIDWORKS 2021 中，针对设计的多种功能进行了大量补充和更新，使用户可以更加方便地进行设计。

为了使读者能更好地学习，同时尽快熟悉 SOLIDWORKS 2021 新版本的设计功能，云杰漫步科技 CAX 教研室根据多年在该领域的设计和教学经验精心编写了本书。本书以 SOLIDWORKS 2021 中文版为基础，根据用户的实际需求，从学习的角度由浅入深、循序渐进、详细地讲解了该软件的各项设计功能。全书共分 14 章，从 SOLIDWORKS 2021 使用入门开始讲解，详细介绍了其草图设计、实体特征设计、实体附加特征、零件形变特征、特征编辑、曲面设计和编辑、焊件设计、装配体设计、钣金设计、工程图设计、渲染输出和模具设计等内容，除了每一章中的实战范例，还设计了精美实用的综合范例，包括多种技术和技巧。

云杰漫步科技 CAX 教研室长期从事 SOLIDWORKS 的专业设计和教学，数年来承接了大量项目，参与 SOLIDWORKS 的教学和培训工作，积累了丰富的实践经验。本书就像一位专业设计师，针对使用 SOLIDWORKS 2021 的初中级用户，将设计项目时的思路、流程、方法和技巧、操作步骤面对面地与读者交流，是读者快速掌握 SOLIDWORKS 2021 的实用指导书，同时更适合作为职业培训学校和大专院校计算机辅助设计课程的指导教材。

本书还配有交互式多媒体教学演示资源，将案例制作过程做成多媒体文件，由从教多年的专业讲师全程多媒体语音视频跟踪教学，以面对面的形式讲解，便于读者学习，同时还提供了所有实例的源文件，以便读者练习时使用。读者可以关注"云杰漫步科技"微信公众号和今日头条号"云杰漫步智能科技"，查看多媒体教学资源的使用方法和下载方法，以获取本书的免费技术支持和疑难解答。

本书由云杰漫步科技 CAX 教研室编写，具体参加编写工作的有张云杰、郝利剑、尚蕾、张云静等。书中案例均由云杰漫步科技 CAX 教研室设计制作，多媒体教学资源由云杰漫步多媒体科技公司提供技术支持，同时感谢电子工业出版社编辑老师的大力协助。

由于本书编写时间紧张，编写人员的水平有限，因此书中难免有不足之处。在此，编者向读者表示歉意，望读者对书中不足之处给予批评指正。

编著者

（扫描获取资源）

目　录

第1章
SOLIDWORKS 2021 使用入门

 本 章 导 读

  SOLIDWORKS 是功能强大的三维 CAD 设计软件，是美国 SOLIDWORKS 公司开发的以 Windows 操作系统为平台的设计软件。SOLIDWORKS 相对于其他 CAD 设计软件来说，简单易学，具有高效、简单的实体建模功能，并可以利用 SOLIDWORKS 集成的辅助功能对设计的实体模型进行一系列计算机辅助分析，从而更好地满足设计需求，节省设计成本，提高设计效率。

  SOLIDWORKS 已广泛应用于机械设计、工业设计、电装设计、消费品及通信器材设计、汽车设计、航空航天的飞行器设计等行业中。

  本章是 SOLIDWORKS 的基础，主要介绍该软件的基本概念和操作界面、特征管理器和命令管理器、文件的基本操作以及生成和修改参考几何体的方法。这些是用户使用 SOLIDWORKS 必须要掌握的基础知识，是熟练使用该软件进行产品设计的前提。

1.1 SOLIDWORKS 2021 及其新增功能

下面对 SOLIDWORKS 的背景、发展及其主要设计特点进行简单介绍。

1.1.1 SOLIDWORKS 简介

  SOLIDWORKS 是由美国 SOLIDWORKS 公司成功开发的一款三维 CAD 设计软件，它采用智能化参变量式设计理念及 Microsoft Windows 图形化用户界面，具有卓越的几何造型和分析功能。软件操作灵活，运行速度快，设计过程简单、便捷，被业界称为"三维机械设计方案的领先者"，并受到广大用户青睐，在机械制图和结构设计领域已成为三维 CAD 设计的主流软件。利用 SOLIDWORKS，工程技术人员可以更有效地为产品建模及模拟整个工程系统，以缩短产品的设计和生产周期，并可完成更加富有创意的产品制造。在市场应用中，SOLIDWORKS 也取得了卓越的成绩。例如，利用 SOLIDWORKS 及其集成软件 COSMOSWorks 设计制作的美国国家宇航局（NASA）"勇气号"飞行器（如图 1-1 所示）的机器人臂，在火星上圆满完成了探测器的展开、定位以及摄影等工作。负责该航天产品设计的总工程师 Jim Staats 表示，SOLIDWORKS 能够提供非常精确的分析测试及优化设计，既满足了应用的需求，又提高了产品的研发速度。我国多部门也选择了 SOLIDWORKS 作为主要的三维设计软件，以最大限度地满足对产品设计的高端要求。

图 1-1 "勇气号"飞行器

SOLIDWORKS 是一款参变量式 CAD 设计软件。与传统的二维机械制图相比，参变量式 CAD 设计软件具有许多优越的性能，是当前机械制图设计软件的主流和发展方向。参变量式 CAD 设计软件是参数式和变量式 CAD 设计软件的通称。其中，参数式设计是 SOLIDWORKS 最主要的设计特点。所谓参数式设计，是将零件尺寸的设计用参数描述，并在设计修改的过程中通过修改参数的数值来改变零件的外形。SOLIDWORKS 中的参数不仅代表了设计对象的相关外观尺寸，并且具有实质上的物理意义。例如，可以将系统参数（如体积、表面积、重心、三维坐标等）或者用户定义参数即用户按照设计流程需求所定义的参数（如密度，厚度等具有设计意义的物理量或者字符）加入设计构思中来表达设计思想。这不仅从根本上改变了设计理念，而且将设计的便捷性向前推进了一大步。用户可以运用强大的数学运算方式，建立各个尺寸参数间的关系式，使模型可以随时自动计算出应有的几何外形。

2020 年 9 月，SOLIDWORKS 2021 新版本正式发布，SOLIDWORKS 2021 增强了用户在执行日常设计、文档编制、数据管理、验证等任务时所使用的功能和工作流程。SOLIDWORKS 2021 能提供用户所需的性能，帮助用户提高工作效率。下面将针对其新增功能进行介绍。

1.1.2 SOLIDWORKS 2021 新增功能

最新版的 SOLIDWORKS 2021 增强了很多原有功能，并且进行了一些性能改进，软件的启动界面如图 1-2 所示。SOLIDWORKS 2021 主要增强功能和性能改进如表 1-1 所示。

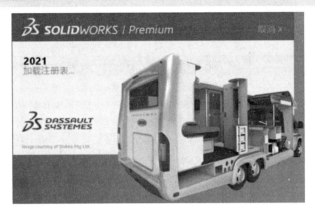

图 1-2　软件启动界面

表 1-1　主要增强功能和性能改进内容表

序　号	类　别	增强或改进内容
1		主要增强功能
（1）	工程图详图模式改进	SOLIDWORKS 2021 中引入的工程图详图模式已得到增强，以支持创建详图、折断图和裁切视图。此外，详图模式现在支持孔标注。可以修改现有注释的内容和特征，并且可以完全编辑现有尺寸，包括公差值和箭头类型
（2）	装配体建模增强	使用 SOLIDWORKS 2021 可以更有效地访问和处理装配。用户可以动态加载轻型零部件并接收有关循环参考的警告。将这些省时的增强功能与更好地利用 GPU 的新图形改进相结合，用户将用更多的有效时间进行设计，而等待的时间更少。此外，还有很棒的新功能，可以对失效模型进行更多处理。使用 Silhouette 方法进行变形时，可以从变形模型中创建配置。这样，用户可以随时在完全详细的设计和破损的设计之间快速切换
（3）	改进的电气设计	① SOLIDWORKS 2021 享有更大的电气设计灵活性。可以使用样条曲线和圆弧来定义 3D 中的布线路径。如果在草图中使用样条线定义布线路径，则将使用样条线对其进行建模。 ② 有更多选项可以管理项目中的线路。可以画线而无须电线。当从符号上断开电线时，请拔下电线；并在删除连接的符号时合并导线。另外，可以使用多根电线或电缆穿过并布置夹子。 ③ 终端类型管理器可以处理终端，并将有关端子的信息从 SOLIDWORKS Electrical 示意图导入 3D 中以获取完整的文档
（4）	改进的塑料仿真	① SOLIDWORKS Plastics 2021 允许用户定义基于领域的材料定义。用户还可以使用新的基于 Sketch 的挡板和起泡器。无须定义网格即可完全定义塑料注射算例，从而大大减少了创建、修改和共享信息的时间。 ② 通过重新设计的 Plastics Manager 树，可以更轻松地简化塑料仿真工作流程。此外，用户可以设置注塑成型研究并利用数百种新添加的材料
（5）	SOLIDWORKS CAM 的更多选项	① SOLIDWORKS CAM 2021 通过扩展的库存选项，增强的钻削操作以及对职位管理的控制，提供了更多的自动化。 ② SOLIDWORKS 解决方案通过重建管理器来控制更改，以确保所有必要的信息始终与设计更改保持一致。圆柱坯料支持铣削操作，并且根据所用钻头的直径指定钻针的数量

序　号	类　别	增强或改进内容
（6）	简化的数据管理	① SOLIDWORKS PDM 2021 允许使用（高度要求的）Treehouse View 来查找和记录引用，以查找包含和使用位置。 ② 工作流图标内置视觉识别功能，可提高整个团队对流程的了解。物料清单负责更多的 CAD 工作流程，并且日常 PDM 操作更快。 ③ 用户会欣赏到更一致的 Windows 资源管理器集成和更好的缩略图支持。现在，PDM 在控制自定义列集方面具有更大的灵活性。支持 BOM 设置，可减少使用 BOM 时出错的风险并提高效率。图标选择可用于工作流状态
（7）	装配体生产力工具	SOLIDWORKS 2021 中新增的装配体生产力工具可以做到更好地控制装配体设计。其中包括全新顺畅的配合属性管理器、新增链式阵列的间距选项和零部件阵列配置的同步选项。此外，还改进了配合对齐控制和槽口配合默认设置的新选项，包括锁定槽口配合旋转的功能
（8）	SOLIDWORKS 检查	① SOLIDWORKS Inspection 可利用现有 3D CAD 文件创建行业标准的检查报告。 SOLIDWORKS Inspection 加载项增强功能包括为项目模板和报告模板指定文件位置。这样可以确保在多用户环境中，用户拥有正确的模板，这对于质量控制至关重要。还可以旋转 VDA 气球，同时保持气球编号垂直。另外，可以调整 VDA 气球的字体大小。 ② 对于 SOLIDWORKS Standalone 增强功能，可以打开带有 3D 注释的 SOLIDWORKS 零件以创建检查文档。还可以查看带有 3D 注释的 SOLIDWORKS 零件。使用 3D CAD 数据快速创建首件检验（FAI）报告；并读取和提取 3D 注释以使用 Smart Extract 创建报告。 ③ SOLIDWORKS Inspection 是单独购买的产品，可以将其与 SOLIDWORKS Standard，Professional 或 Premium 一起使用，或者作为完全独立的应用程序使用
2	主要性能改进	
（1）	增强的 3D 注释工具	① 正在通过基于模型的定义（MBD）改进来提高生产率。 SOLIDWORKS MBD 2021 通过向 DimXpert 尺寸方案添加基准目标符号的功能，扩展了组织产品和制造数据（PMI）的能力。可以将 DimXpert 位置尺寸应用于基准目标点，并编辑尺寸以控制基准目标的位置。而且，钣金折弯台可以发布为 3D PDF，从而提高显示质量。 ② SOLIDWORKS MBD 是单独购买的产品，可以与 SOLIDWORKS Standard，Professional 和 Premium 一起使用
（2）	详图模式和工程图改进	进一步增强 SOLIDWORKS 2021 中引入的详图模式，支持详图创建、视图打断和视图裁剪功能。现在详图模式还支持孔标注功能；可修改现有标注的内容和特征；可以编辑现有尺寸，包括公差值和箭头类型。其他的工程图增强功能还包括为草图实体添加"快速关系"工具栏，以及在放置尺寸时提供透明尺寸预览功能，确保更易于选取其他项目
（3）	端子类型管理器	新的端子类型管理器可以定义与特定端子板配合使用的接线端子，以实现更好的控制和设计准确性。可以直接记录和管理整个端子板。通过选择何时使用什么路径，单独的电缆布线装配体将简化开发过程并加快开发速度

序　号	类　别	增强或改进内容
（4）	与 CAD 模型更紧密的集成	通过支持保存在 CAD 零件或装配体中的配置，实现与 CAD 模型更紧密的集成。Visualize 还增强了对位移图的支持，使复杂外观纹理呈现比以往更加逼真。Visualize Professional 2021 还提供了新的"卡通"相机滤镜，可呈现大师级的概念性草图效果。剖面视图支持彩色加盖选项，可在生成详细的零件和装配体渲染时提供更大的自由度
（5）	零件增强功能	使用 SOLIDWORKS 2021，可沿非线性边线创建钣金边线卷边。新的颜色选取器可帮助精确定义外观。执行 3MF 导出和导入时，扩展了对颜色和外观的支持。现在，可在自定义属性、焊件和钣金切割清单属性中评估方程式。新增焊件剪裁功能以及在结构系统中用于选择打孔点的操纵器
（6）	SOLIDWORKS Electrical 3D	几乎所有产品都已电气化。那么电子设备是如何通过导线、电缆和线束连接到机械传感器和换能器的呢？SOLIDWORKS 2021 Electrical 3D Routing 通过支持采用直线和样条曲线方式布线以创建复杂的布线路径，帮助应对棘手的任务。同时具备将多条导线固定到线夹的功能，可以为用户整理路线节省大量时间
（7）	管理增强功能	SOLIDWORKS Manage 2021 可将设计管理效率和协作水平提升至新高度。新的项目管理工具让用户能够轻松地可视化和规划设计任务。新推出的强大材料明细表编辑工具能够更快速、更准确地构建材料明细表。而且，与外部承包商共享设计从未如此简单
（8）	SOLIDWORKS Simulation	通过引入更加快速的接触计算、接触稳定、几何体自动修正、高效且更稳健的网格化以及改进的网格诊断功能，简化了接触预处理和网格化活动。使用 SOLIDWORKS Simulation 2021 可更快、更智能地解出仿真算例
（9）	SOLIDWORKS eDrawings	让用户能够精彩地分享 3D 概念，同时又能保护知识产权。eDrawings 2021 为用户提供更多选项，让用户能比以前更轻松地传达想法
（10）	工程图性能	大型工程图的缩放和平移性能显著提高，用户在浏览工程图时可获得更一致和可预测的体验
（11）	装配体性能	使用 SOLIDWORKS 2021 可更高效地访问和处理装配体。动态加载轻量级零部件、查找循环引用以及创建用作配置的简化装配体。将这些省时的增强功能与新的图形改进相结合，可更好地发挥 CPU 运算能力，减少等待时间，让用户有更多时间用于设计

1.2　SOLIDWORKS 2021 操作界面

SOLIDWORKS 2021 的操作界面是用户对创建文件进行操作的基础，图 1-3 所示是一个零件文件的操作界面，包括菜单栏、工具选项卡、管理器选项卡、绘图区及状态栏等。装配体文件、工程图文件和零件文件的操作界面类似，本节以零件文件操作界面为例，介绍 SOLIDWORKS 2021 的操作界面。

在 SOLIDWORKS 2021 操作界面中，菜单栏包括了所有的操作命令，工具栏一般显示常用的按钮，可以根据用户需要进行相应的设置。

图 1-3　SOLIDWORKS 2021 操作界面

CommandManager（命令管理器）可以将工具栏按钮集中起来使用，从而为绘图窗口节省空间。

FeatureManager（特征管理器）设计树记录文件的创建环境以及每一步骤的操作，对于不同类型的文件，其特征管理区有所差别。

绘图区是用户绘图的区域，文件的所有草图及特征生成都在该区域中完成，FeatureManager 设计树和绘图窗口为动态链接，可在任一窗格中选择特征、草图、工程视图和构造几何体。

状态栏显示编辑文件目前的操作状态。特征管理器中的注解、材质和基准面是系统默认的，可根据实际情况对其进行修改。

1.2.1　菜单栏

系统默认情况下，SOLIDWORKS 2021 的菜单栏是隐藏的，将鼠标移动到 SOLIDWORKS 徽标上或者单击它，菜单栏就会出现，将菜单栏中图标 ✈ 改为 ✈ 打开状态，菜单栏就可以保持可见，如图 1-4 所示。SOLIDWORKS 2021 包括【文件】、【编辑】、【视图】、【插入】、【工具】、【窗口】和【帮助】等菜单，单击可以将其打开并执行相应的命令。

图 1-4　菜单栏

下面对各菜单分别进行介绍。

（1）【文件】菜单

【文件】菜单包括【新建】、【打开】、【保存】和【打印】等命令，如图 1-5 所示。

（2）【编辑】菜单

【编辑】菜单包括【剪切】、【复制】、【粘帖】、【删除】、【压缩】、【解除压缩】等命令，如图 1-6 所示。

（3）【视图】菜单

【视图】菜单包括显示控制的相关命令，如图 1-7 所示。

图 1-5 【文件】菜单   图 1-6 【编辑】菜单   图 1-7 【视图】菜单

（4）【插入】菜单

【插入】菜单包括【凸台/基体】、【切除】、【特征】、【阵列/镜向】（此处是软件界面统一使用"镜向"）、【扣合特征】、【曲面】、【钣金】、【模具】等命令，如图 1-8 所示。这些命令也可通过【特征】工具栏或者选项卡中相应的功能按钮来实现。其具体操作将在后面章节中陆续介绍，在此不做赘述。

（5）【工具】菜单

【工具】菜单包括多种命令，如【草图工具】、【关系】、【测量】、【几何分析】、【选择】等，如图 1-9 所示。

（6）【窗口】菜单

【窗口】菜单包括【视口】、【新建窗口】、【层叠】等命令，如图 1-10 所示。

图 1-8 【插入】菜单　　　　　图 1-9 【工具】菜单　　　　　图 1-10 【窗口】菜单

（7）【帮助】菜单

【帮助】菜单可提供各种信息查询，如图 1-11 所示。例如，【SOLIDWORKS 帮助】命令可展开 SOLIDWORKS 软件提供的在线帮助文件，【API 帮助】命令可展开 SOLIDWORKS 软件提供的 API（应用程序界面）在线帮助文件，这些均为用户学习中文版 SOLIDWORKS 2021 提供参考。

此外，用户还可通过快捷键访问菜单或自定义菜单命令。在 SOLIDWORKS 中单击鼠标右键，弹出与上下文相关的快捷菜单，如图 1-12 所示。可在绘图窗口和 FeatureManager（特征管理器）设计树（以下统称为"特征管理器设计树"）中使用快捷菜单。

1.2.2　工具栏

工具栏分为【标准】工具栏和【CommandManager】工具选项卡，用户可自定义其位置和显示内容，如图 1-13 所示。用户可选择【工具】|【自定义】菜单命令，打开【自定义】对话框，自行定义工具栏。【标准】工具栏中的各按钮与菜单栏中对应命令的功能相同。

图 1-11 【帮助】菜单

图 1-12 快捷菜单

图 1-13 【标准】工具栏和【CommandManager】工具选项卡

1.2.3 状态栏

状态栏显示了正在操作对象的状态，如图 1-14 所示。

图 1-14 状态栏

状态栏中提供的信息如下。

（1）当用户将鼠标指针拖动到工具栏的按钮上或单击菜单命令时进行简要说明。

（2）当用户对要求重建的草图或零件进行更改时，显示【重建模型】图标 🛢。

（3）当用户进行草图相关操作时，显示草图状态及鼠标指针的坐标。

（4）对所选实体进行常规测量，如边线长度等。

（5）显示装配体中用户正在编辑的零件信息。

（6）在用户使用【系统选项】对话框中的【协作】选项时，显示可访问【重装】对话框的 🔘 图标。

（7）当用户选择【暂停自动重建模型】命令时，显示"重建模型暂停"。

（8）显示或者隐藏标签对话，可以单击 🔖 按钮。

（9）如果保存通知以分钟进行，显示最近一次保存后至下一次保存前的时间间隔。

1.2.4　管理器选项卡

管理器选项卡包括【特征管理器设计树】🐟、【PropertyManager（属性管理器）】🏢（以下统称为【属性管理器】）、【ConfigurationManager（配置管理器）】🏤（以下统称为【配置管理器】）、【DimXpertManager（公差分析管理器）】⊕（以下统称为【公差分析管理器】）和【DisplayManager（外观管理器）】◉（以下统称为【外观管理器】）5 个选项卡，其中【特征管理器设计树】和【属性管理器】使用比较普遍，下面将进行详细介绍。

（1）【特征管理器设计树】

【特征管理器设计树】提供激活的零件、装配体或者工程图的大纲视图，可用来观察零件或装配体的生成及查看工程图的图纸和视图如图 1-15 所示。

【特征管理器设计树】与绘图窗口为动态链接，可在设计树的任意窗口中选择特征、草图、工程视图和构造几何体。

用户可分割【特征管理器设计树】，以显示出两个【特征管理器设计树】，或将【特征管理器设计树】与【属性管理器】或【配置管理器】进行组合。

（2）【属性管理器】

当用户在编辑特征时，出现相应的属性管理器，如图 1-16 所示为【凸台-拉伸】选项卡中的参数设置。属性管理器可显示草图、零件或特征的属性。

图 1-15　【特征管理器设计树】选项卡　　　　图 1-16　【属性管理器】

在【属性管理器】中一般包含【确定】✔、【取消】❌、【帮助】❓、【保持可见】📌等按钮。

图 1-17　【信息】框

【信息】框：引导用户下一步的操作，常列举出实施下一步操作的各种方法，如图 1-17 所示。

选项组：包含一组相关参数的设置，带有标题，如【方向 1（1）】选项组，单击⌃或者⌄箭头图标，可以扩展或者折叠选项组。

选择框：处于活动状态时，显示为蓝色，如图 1-18 所示。在其中选择任一项目时，所选项在绘图窗口中高亮显示。若要删除所选项目，用鼠标右键单击该项目，在弹出的菜单中选择【删除】命令（针对某一项目）或者选择【消除选择】命令（针对所有项目），如图 1-19 所示。

图 1-18　处于活动状态的选择框　　　　　图 1-19　删除选择项目的快捷菜单

1.2.5　任务窗格选项卡

任务窗格选项卡包括【SOLIDWORKS 资源】、【设计库】、【文件探索器】等选项卡，如图 1-20 和图 1-21 所示。

图 1-20　任务窗格选项卡及图标　　　　　　图 1-21　任务窗格

1.3　基本操作工具

文件的基本操作由【文件】菜单下的命令及【标准】工具栏中的相应命令按钮完成。

1.3.1　新建文件

创建新文件时，需要选择创建文件的类型。选择【文件】|【新建】菜单命令，或单击【标准】工具栏上的【新建】按钮，可以打开【新建 SOLIDWORKS 文件】对话框，如图 1-22 所示。在【新建 SOLIDWORKS 文件】对话框中有三个图标，分别是【零件】、【装配体】及【工程图】三个图标。单击对话框中需要创建文件类型的图标，然后单击【确定】

按钮，就可以建立需要的文件，并进入默认的工作环境。

在 SOLIDWORKS 2021 中，【新建 SOLIDWORKS 文件】对话框有两个界面可供选择，一个是新手界面对话框，如图 1-22 所示；另一个是高级界面对话框，如图 1-23 所示。

图 1-22 【新建 SOLIDWORKS 文件】对话框

图 1-23 【新建 SOLIDWORKS 文件】对话框的高级界面

单击图 1-22 所示的【新建 SOLIDWORKS 文件】对话框中的【高级】按钮，就可以进入高级界面；单击图 1-23 所示的【新建 SOLIDWORKS 文件】中的【新手】按钮，就可以进入新手界面。新手界面对话框中使用较简单的对话框，提供零件、装配体和工程图文档的说明；高级界面对话框中在各个标签上显示模板图标，当选择某一文件类型时，模板预览出现在预览框中，在该界面中，用户可以保存模板并添加自己的标签，也可以单击【Tutorial】标签，切换到【Tutorial】选项卡来访问指导教程模板。

1.3.2　打开文件

打开已存储的 SOLIDWORKS 文件，对其进行相应的编辑和操作。选择【文件】|【打开】菜单命令，或单击【标准】工具栏上的【打开】按钮，打开【打开】对话框，如图 1-24 所示。

图 1-24　【打开】对话框

【打开】对话框中各项功能如下。

（1）【文件名】：输入打开文件的文件名，或者单击文件列表中所需要的文件，文件名称会自动显示在【文件名】文本框中。

（2）【快速过滤器】各按钮：选择文件夹显示的所需文件，快速找到目标文件。

（3）【参考】按钮：单击该按钮用于显示当前所选装配体或工程图所参考的文件清单，文件清单显示在【编辑参考的文件位置】对话框中，如图 1-25 所示。

图 1-25　【编辑参考的文件位置】对话框

（4）【自定义】下拉列表框用于选择显示文件的类型，显示的文件类型并不限于 SOLIDWORKS 类型的文件，如图 1-26 所示。默认的选项是 SOLIDWORKS 文件*.sldprt、

*.sldasm 和 *.slddrw。如果在【文件类型】下拉列表框中选择了其他类型的文件，SOLIDWORKS 软件可以调用其他软件所形成的图形并对其进行编辑。

图 1-26 【自定义】下拉列表框

> 注意：
>
> 打开早期版本的 SOLIDWORKS 文件可能需要转换，已转换为 SOLIDWORKS 2021 格式的文件，将无法在旧版的 SOLIDWORKS 软件中打开。

1.3.3 保存文件

文件只有保存起来，在需要时才能打开该文件对其进行相应的编辑和操作。选择【文件】|【保存】菜单命令，或单击【标准】工具栏上的【保存】按钮，打开【另存为】对话框，如图 1-27 所示。

图 1-27 【另存为】对话框

1.3.4　退出软件

文件保存完成后，用户可以退出 SOLIDWORKS 2021 系统。选择【文件】|【退出】菜单命令，或单击绘图区右上角的【关闭】按钮 ×，可退出 SOLIDWORKS。

如果在操作过程中不小心执行了退出命令，或者对文件进行了编辑而没有保存文件时执行退出命令，系统会弹出如图 1-28 所示的提示框。

图 1-28　系统提示框

1.4　参考几何体

SOLIDWORKS 使用带原点的坐标系，零件文件包含原有原点。当用户选择基准面或者打开一个草图并选择某一面时，将生成一个新的原点，与基准面或者这个面对齐。原点可用作草图实体的定位点，并有助于定向轴心透视图。三维的视图引导可令用户快速定向到零件和装配体文件中的 X、Y、Z 轴方向。

1.4.1　参考坐标系

下面介绍参考坐标系的基本概念和设置。

（1）原点

零件原点显示为蓝色，代表零件的（0,0,0）坐标。当草图处于激活状态时，草图原点显示为红色，代表草图的（0,0,0）坐标。可以将尺寸标注和几何关系添加到零件原点中，但不能添加到草图原点中。

：蓝色，表示零件原点，每个零件文件中均有一个零件原点。

：红色，表示草图原点，每个新草图中均有一个草图原点。

：表示装配体原点。

：表示零件和装配体文件中的视图引导。

（2）参考坐标系的属性设置

可定义零件或装配体的坐标系，并将此坐标系与测量和质量特性工具一起使用，也可将 SOLIDWORKS 文件导出为 IGES、STL、ACIS、STEP、Parasolid、VDA 等格式。

单击【参考几何体】工具栏中的【坐标系】按钮 （或选择【插入】|【参考几何体】|【坐标系】菜单命令），系统弹出【坐标系】属性管理器，如图 1-29 所示。

【原点】 ：定义原点。单击其选择框，在绘图窗口中选择零件或者装配体中的顶点、点、中点或者默认的原点。

【X 轴】、【Y 轴】、【Z 轴】（此处为了与软件界面一致，使用英文大写正体，下同）：

定义各轴。单击其选择框，在绘图窗口中按照以下方法之一定义所选轴的方向。

单击顶点、点或者中点，则轴与所选点对齐。

单击线性边线或者草图直线，则轴与所选的边线或者直线平行。

单击非线性边线或者草图实体，则轴与所选实体上选择的位置对齐。

单击平面，则轴与所选面的垂直方向对齐。

【反转 X/Y 轴方向】按钮：反转轴的方向。

坐标系定义完成之后，单击【确定】按钮 ✓。

（3）修改和显示参考坐标系

● 将参考坐标系平移到新的位置

在【特征管理器设计树】中，用鼠标右键单击已生成的坐标系的图标，在弹出的菜单中选择【编辑特征】命令，系统弹出【坐标系】属性管理器，如图 1-30 所示。在【选择】选项组中，单击【原点】选择框 ，在绘图窗口中单击想将原点平移到的点或者顶点处，单击【确定】按钮 ✓，原点被移动到指定的位置上。

● 切换参考坐标系的显示

要切换坐标系的显示，可以选择【视图】|【坐标系】菜单命令。菜单命令左侧的图标下沉，表示坐标系可见。

● 隐藏或者显示参考坐标系

在【特征管理器设计树】中用鼠标右键单击已生成的坐标系的图标。

在弹出的快捷菜单中单击【显示】按钮 （或【隐藏】按钮 ），可以显示或隐藏坐标系，如图 1-31 所示。

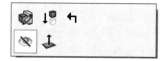

图 1-29 【坐标系】属性管理器（一）　图 1-30 【坐标系】属性管理器（二）　图 1-31　选择【隐藏】按钮

1.4.2　参考基准轴

参考基准轴是参考几何体中的重要组成部分。在生成草图几何体或圆周阵列时常使用参考基准轴。

参考基准轴的用途较多，概括起来有以下 3 项。

第一项：参考基准轴作为中心线。基准轴可作为圆柱体、圆孔、回转体的中心线。通常情况下，拉伸一个草图绘制的圆得到一个圆柱体，或通过旋转得到一个回转体时，SOLIDWORKS 会自动生成一个临时轴，但生成圆角特征时系统不会自动生成临时轴。

第二项：作为参考轴，辅助生成圆周阵列等特征。

第三项：基准轴作为同轴度特征的参考轴。当两个均包含基准轴的零件需要生成同轴度特征时，可选择各个零件的基准轴作为几何约束条件，使两个基准轴在同一轴上。

下面介绍几种参考基准轴的创建方法。

（1）临时轴

每一个圆柱和圆锥面都有一条轴线。临时轴是由模型中的圆锥和圆柱隐含生成的，临时轴经常被设置为基准轴。

可设置隐藏或显示所有临时轴。选择【视图】|【隐藏/显示】|【临时轴】菜单命令，如图 1-32 所示，表示临时轴可见，绘图区显示如图 1-33 所示。

图 1-32　选择【临时轴】菜单命令　　　　　图 1-33　显示临时轴

（2）参考基准轴的属性设置

单击【参考几何体】工具栏中的【基准轴】按钮 ✏（或者选择【插入】|【参考几何体】|【基准轴】菜单命令），系统弹出【基准轴】属性管理器，如图 1-34 所示。在【选择】选项组中选择以生成不同类型的基准轴。

【一直线/边线/轴】 ✏：选择一条草图直线或边线作为基准轴，或双击选择临时轴作为基准轴，如图 1-35 所示。

图 1-34　【基准轴】属性管理器　　　　　图 1-35　选择临时轴作为基准轴

【两平面】：选择两个平面，利用两个面的交叉线作为基准轴。

【两点/顶点】：选择两个顶点、点或者中点之间的连线作为基准轴。

【圆柱/圆锥面】：选择一个圆柱或者圆锥面，利用其轴线作为基准轴。

【点和面/基准面】：选择一个平面（或者基准面），然后选择一个顶点（或者点、中点等），由此所生成的轴会通过所选择的顶点（或者点、中点等）垂直于所选的平面（或者基准面）。

设置属性完成后，检查【参考实体】选择框中列出的项目是否正确。

（3）显示参考基准轴

选择【视图】|【隐藏/显示】|【基准轴】菜单命令，如图 1-36 所示，表示基准轴可见（再次选择该命令，该图标恢复即为关闭基准轴的显示）。

图 1-36　选择【基准轴】菜单命令

1.4.3　参考基准面

在【特征管理器设计树】中默认提供前视、上视以及右视基准面，除默认的基准面外，可以生成参考基准面。参考基准面用来绘制草图和为特征生成几何体。

（1）参考基准面的属性设置

单击【参考几何体】工具栏中的【基准面】按钮（或者选择【插入】|【参考几何体】|【基准面】菜单命令），系统弹出【基准面】属性管理器，如图 1-37 所示。在【选择】选项组中，选择需要生成的基准面类型及项目。

【平行】：通过模型的表面生成一个基准面，如图 1-38 所示。

图 1-37　【基准面】属性管理器

参考基准面

图 1-38　通过模型表面生成一个基准面

【垂直】⊥：可生成垂直于一条边线、轴线或者平面的基准面，如图 1-39 所示。

【重合】⋏：通过一个点、线和面生成基准面。

【两面夹角】⌳：通过一条边线（或者轴线、草图线等）与一个面（或者基准面）成一定夹角生成基准面，如图 1-40 所示。

【偏移距离】⌖：在平行于一个面（或基准面）指定距离处生成等距基准面。首先选择一个平面（或基准面），然后设置【距离】数值，如图 1-41 所示。

【反转等距】：启用此复选框，在相反的方向生成基准面。

图 1-39　垂直于平面生成基准面

图 1-40　两面夹角生成基准面

图 1-41　生成等距基准面

提　示

在 SOLIDWORKS 中，等距距离平面有时也被称为偏置平面，以便与 AutoCAD 等软件里的偏置概念相统一。在混合特征中经常需要等距生成多个平行平面。

（2）修改参考基准面

双击基准面，显示等距距离或角度。双击尺寸或角度数值，在弹出的【修改】对话框中输入新的数值，如图 1-42 所示；也可在【特征管理器设计树】中用鼠标右键单击已生成的基准面的图标，从弹出的菜单中选择【编辑特征】命令，在【基准面】属性管理器中的【选择】选项组中输入新数值以定义基准面，单击【确定】按钮✔。

可使用基准面控标和边线来移动、复制基准面或者调整基准面的大小。要显示基准面控标，可在【特征管理器设计树】中单击已生成的基准面的图标或在绘图窗口中单击基准面的名称，也可选择基准面的边线，然后进行调整，如图 1-43 所示。

利用基准面控标和边线，可以进行以下操作。

● 拖动边角或者边线控标以调整基准面的大小。
● 拖动基准面的边线以移动基准面。

图 1-42　在【修改】对话框中修改数值　　　　　　图 1-43　显示基准面控标

- 通过在绘图窗口中选择基准面以复制基准面，然后按住键盘上的 Ctrl 键并使用边线
  将基准面拖动至新的位置，生成一个等距基准面，如图 1-44 所示。

等距基准面

图 1-44　生成等距基准面

1.4.4　参考点

SOLIDWORKS 可生成多种类型的参考点用作构造对象，还可在彼此间已指定距离分割的曲线上生成指定数量的参考点。通过选择【视图】|【点】菜单命令，切换参考点的显示。

单击【参考几何体】工具栏中的【点】按钮 ·（或者选择【插入】|【参考几何体】|【点】菜单命令），系统弹出【点】属性管理器，如图 1-45 所示。

在【选择】选项组中，单击【参考实体】选择框 🖿，在绘图窗口中选择用以生成点的实体；选择要生成的点的类型，可单击【圆弧中心】🖾、【面中心】🖼、【交叉点】🗙、【投影】🖾 等按钮。

单击【沿曲线距离或多个参考点】按钮 🖾，可沿边线、曲线或草图线段生成一组参考点，输入距离或百分比数值（如果数值对于生成所指定的参考点数太大，会出现信息提示设置较小的数值）。

属性设置完成后，单击【确定】按钮 ✓，生成参考点，如图 1-46 所示。

图 1-45 【点】属性管理器

图 1-46 生成的参考点

1.5 设计范例

1.5.1 文件和视图操作范例

扫码看视频

> 本节范例文件：范例文件/第 1 章/1-1.SLDPRT
>
> 多媒体教学路径：多媒体教学→第 1 章→1.5.1 范例

 范例分析

本范例是进行 SOLIDWORKS 2021 软件基本操作的练习，包括打开文件、设置各种视图等的操作。

各种参考系的创建和软件界面的熟悉。

 范例操作

Step1 打开文件

① 单击【标准】工具栏中的【打开】按钮，打开文件，如图 1-47 所示。

② 在弹出的【打开】对话框中，选择"1-1"零件。

③ 在【打开】对话框中，单击【打开】按钮打开文件。

图 1-47　打开零件

Step2 设置前视图

① 单击【视图】工具栏中的【前视】按钮，如图 1-48 所示。
② 绘图区显示零件前视图。

Step3 设置上视图

① 单击【视图】工具栏中的【上视】按钮，如图 1-49 所示。
② 绘图区显示零件上视图。

图 1-48　前视图

图 1-49　上视图

Step4 设置等轴测视图

① 单击【视图】工具栏中的【等轴测】按钮，如图 1-50 所示。

② 绘图区显示零件等轴测视图。

图 1-50　等轴测视图

Step5 设置消除隐藏线视图

① 单击【视图】工具栏中的【消除隐藏线】按钮，如图 1-51 所示。

② 绘图区显示零件消除隐藏线视图。

Step6 设置线架图视图

① 单击【视图】工具栏中的【线架图】按钮，如图 1-52 所示。

② 绘图区显示零件线架图视图。至此，这个范例操作完成。

图 1-51　隐藏线视图　　　　　　　　　　　图 1-52　线架图

1.5.2　参考几何体操作范例

本节范例文件：范例文件/第 1 章/1-2.SLDPRT

多媒体教学路径：多媒体教学→第 1 章→1.5.2 范例

 范例分析

本范例是在上一节范例基础上，继续进行 SOLIDWORKS 2021 软件中参考几何体和文件操作的练习，包括创建基准面、基准轴、参考点和参考坐标系，以及保存文件等操作，以使用户熟悉软件界面。

 范例操作

扫码看视频

Step1 创建基准面

① 打开上一节的范例，单击【特征】选项卡中的【基准面】按钮，如图 1-53 所示。

② 在绘图区选择参考面。

图 1-53　创建基准面

Step2 设置基准面参数

① 在【基准面】属性管理器中设置参数，如图 1-54 所示。

② 单击【确定】按钮完成创建。

图 1-54　设置基准面参数

Step3 创建参考点

① 单击【特征】选项卡中的【点】按钮，如图 1-55 所示。

② 在绘图区选择参考边线。

图 1-55　创建参考点

Step4 设置点参数

① 在【点】属性管理器中单击【圆弧中心】按钮，如图 1-56 所示。

② 单击【确定】按钮完成点的创建。

Step5 创建参考坐标系

① 单击【特征】选项卡中的【坐标系】按钮，如图 1-57 所示。

② 在绘图区选择参考点。

③ 单击【确定】按钮完成创建。

图 1-56　设置点参数

图 1-57　创建参考坐标系

Step6 创建基准轴

① 单击【特征】选项卡中的【基准轴】按钮，如图 1-58 所示。

② 在绘图区选择参考面，然后选择【圆柱/圆锥面】按钮。

③ 单击【确定】按钮完成创建。

图 1-58　创建基准轴

Step7 保存文件

① 选择【标准】工具栏中的【另存为】命令，如图 1-59 所示。

② 在弹出的【另存为】对话框中，设置文件名。

③ 单击【保存】按钮完成操作。至此，这个范例就操作完成了。

图 1-59　保存文件

1.6　本章小结

　　本章主要介绍了中文版 SOLIDWORKS 2021 的软件界面和文件的基本操作，以及生成和修改参考几何体的方法，希望读者能够在本章的学习中掌握这些内容，从而为以后创建实体和曲面特征打好基础。

第 2 章
草图设计

本 章 导 读

使用 SOLIDWORKS 2021 软件进行设计是从绘制草图开始的，在草图基础上生成特征模型，进而生成零件等。因此，草图绘制对 SOLIDWORKS 三维零件的模型生成非常重要，是使用该软件的基础。一个完整的草图包括几何形状、几何关系和尺寸标注等信息，草图绘制是 SOLIDWORKS 进行三维建模的基础。

本章将详细介绍草图设计的基本概念、绘制草图、草图编辑以及 3D 草图的生成方法。

2.1　基本概念

在使用草图绘制命令前，首先要了解草图绘制的基本概念，以更好地掌握草图绘制和草图编辑的方法。本节主要介绍草图的基本操作、认识草图绘制工具栏，熟悉绘制草图时光标的显示状态。

2.1.1　绘图区

草图必须绘制在平面上，这个平面既可以是基准面，也可以是三维模型上的平面。初始进入草图绘制状态时，系统默认有三个基准面：前视基准面、右视基准面和上视基准面，如图 2-1 所示。由于没有其他平面，因此零件的初始草图绘制是从系统默认的基准面开始的。

（1）【草图】工具栏

【草图】工具栏中的工具按钮，作用于绘图区中的整个

图 2-1　系统默认的基准面

草图，如图 2-2 所示。

图 2-2 【草图】工具栏

（2）状态栏

当草图处于激活状态，绘图区底部的状态栏会显示草图的状态，如图 2-3 所示。

绘制实体时显示鼠标指针位置的坐标。

显示"过定义""欠定义"或者"完全定义"等草图状态。

如果工作时草图网格线为关闭状态，提示处于绘制状态，例如："正在编辑：草图 n"（n 为草图绘制时的标号）。

当鼠标指针指向菜单命令或者工具按钮时，状态栏左侧会显示此命令或按钮的简要说明。

图 2-3 状态栏

（3）草图原点

激活的草图其原点为红色，可通过原点了解所绘制草图的坐标。零件中的每个草图都有自己的原点，所以在一个零件中通常有多个草图原点。当草图打开时，不能关闭其原点的显示。

（4）视图定向

进入草图绘制后，此时绘图区域出现系统默认基准面，系统要求选择基准面。第一个选择的草图基准面决定零件的方位。默认情况下，新草图在前视基准面中打开。也可在【特征管理器设计树】或绘图区选择任意平面作为草图绘制的平面，单击【视图】工具栏的【视图定向】按钮，在弹出的菜单中单击【正视于】按钮，将视图切换至指定平面的法线方向，如图 2-4 所示。如果操作时出现错误或需要修改，可选择【视图】|【修改】|【视图定向】菜单命令，在弹出的【方向】对话框中单击【更新标准视图】按钮重新定向，如图 2-5 所示。

图 2-4 系统基准面法线方向

图 2-5 【方向】对话框

2.1.2 草图选项

下面介绍草图选项的设置方法。

（1）设置草图的系统选项

选择【工具】|【选项】菜单命令，弹出【系统选项】对话框，选择【草图】选项并进行设置，如图 2-6 所示，单击【确定】按钮。

图 2-6 【系统选项】对话框

其中一些较常用的设置选项介绍如下。

【使用完全定义草图】复选框：启用该复选框，必须完全定义用来生成特征的草图。

【在零件/装配体草图中显示圆弧中心点】复选框：启用该复选框，草图中显示圆弧中心点。

【在零件/装配体草图中显示实体点】复选框：启用该复选框，草图实体的端点以实心原点的方式显示。该原点的颜色反映草图实体的状态（即黑色为"完全定义"，蓝色为"欠定义"，红色为"过定义"，绿色为"当前所选定的草图"）。无论选项如何设置，过定义的点与悬空的点总是会显示出来。

【提示关闭草图】复选框：启用该复选框，如果生成一个有开环轮廓，且可用模型的边线封闭的草图，系统会弹出提示信息："封闭草图至模型边线？"。可选择用模型的边线封闭草图轮廓及方向。

【打开新零件时直接打开草图】复选框：启用该复选框，新零件窗口在前视基准面中打开，可直接使用草图绘制绘图区和草图绘制工具。

【尺寸随拖动/移动修改】复选框：启用该复选框，可通过拖动草图实体或在【移动】、【复制】属性管理器中移动实体以修改尺寸值，拖动后，尺寸自动更新；也可选择【工具】|【草图设定】|【尺寸随拖动/移动修改】菜单命令。

【上色时显示基准面】复选框：启用该复选框，在上色模式下编辑草图时，基准面被着色。

（2）【草图设置】菜单

打开【工具】|【草图设置】菜单，如图 2-7 所示，在此菜单中可以使用草图的各种设置命令。

图 2-7　【草图设置】菜单

【自动添加几何关系】：在添加草图实体时自动建立几何关系。

【自动求解】：在生成零件时自动求解草图几何体。

【激活捕捉】：可激活快速捕捉功能。

【上色草图轮廓】：对草图轮廓进行着色，方便观察。

【移动时不求解】：可在不解出尺寸或几何关系的情况下，在草图中移动草图实体。

【独立拖动单一草图实体】：可从实体中拖动单一草图实体。

【尺寸随拖动/移动修改】：拖动草图实体或在【移动】、【复制】属性管理器中将其移动以覆盖尺寸。

（3）草图网格线和捕捉

当草图或者工程图处于激活状态时，可选择在当前的草图或工程图上显示网格线。由于 SOLIDWORKS 2021 是参变量式设计，所以草图网格线和捕捉功能并不像 AutoCAD 那么重要，在大多数情况下不需要使用该功能。

2.2　绘制草图

前面介绍了草图绘制命令按钮及其基本概念，本节将介绍草图绘制命令的使用方法。在 SOLIDWORKS 2021 建模过程中，大部分特征都需要先建立草图实体，然后再执行特征命令，因此本节非常重要。

2.2.1　直线

首先介绍绘制直线的方法。

单击【草图】工具栏中的【直线】按钮✐或选择【工具】|【草图绘制实体】|【直线】菜单命令，系统弹出【插入线条】属性管理器，如图 2-8 所示。可按照下述方法生成单一

线条或直线链。

生成单一线条：在绘图区中单击鼠标左键，定义直线起点的位置，将鼠标指针拖动到直线的终点位置后释放鼠标。

生成直线链：将鼠标指针拖动到直线的一个终点位置单击鼠标左键，然后将鼠标指针拖动到直线的第二个终点位置再次单击鼠标左键，最后单击鼠标右键，在弹出的菜单中选择【选择】命令或【结束链】命令后结束绘制。

下面介绍【线条属性】属性设置方法。

在绘图区中选择绘制的直线，弹出【线条属性】属性管理器，设置该直线的属性，如图 2-9 所示。

图 2-8 【插入线条】属性管理器

图 2-9 【线条属性】属性管理器

（1）【现有几何关系】选项组

该选项组显示现有几何关系，即草图绘制过程中自动推理或使用【添加几何关系】选项组手动生成的现有几何关系。该选项组还显示所选草图实体的状态信息，如"欠定义""完全定义"等。

（2）【添加几何关系】选项组

该选项组可将新的几何关系添加到所选草图实体中，其中只列举了所选直线实体可使用的几何关系，如：【水平】、【竖直】和【固定】等。

（3）【选项】选项组

【作为构造线】：可以将实体直线转换为构造几何体的直线。

【无限长度】：可以生成一条可剪裁的、无限长度的直线。

（4）【参数】选项组

【长度】◢：设置该直线的长度。

【角度】◣：相对于网格线的角度，水平角度为 180°，竖直角度为 90°，且逆时针为正向。

（5）【额外参数】选项组

设置线条端点的坐标。

2.2.2　圆

图 2-10　【圆】属性管理器

首先介绍绘制圆的方法。

单击【草图】工具栏中的【圆】按钮⊙或选择【工具】|【草图绘制实体】|【圆】菜单命令，系统弹出【圆】属性管理器，如图 2-10 所示。

在【圆类型】选项组中，若单击【圆】按钮⊙，则在绘图区中单击鼠标左键可放置圆心；若单击【周边圆】按钮◯，在绘图区中单击鼠标左键便可放置圆弧，如图 2-11 所示。

中央创建　　　　　周边创建

图 2-11　选择两种不同的绘制方式

拖动鼠标指针以定义半径。

设置圆的属性，单击【确定】按钮✔，完成圆的绘制。

其次介绍【圆】属性设置方法。

在绘图区选择绘制的圆，系统弹出【圆】属性管理器，可设置其属性，如图 2-12 所示。

（1）【现有几何关系】选项组：可显示现有几何关系及所选草图实体的状态信息。

（2）【添加几何关系】选项组：可将新的几何关系添加到所选的草图实体圆中。

（3）【选项】选项组：可启用【作为构造线】复选框，将实体圆转换为构造几何体的圆。

（4）【参数】选项组：用来设置圆心的位置坐标和圆的半径尺寸。

【X 坐标置中】C_x：设置圆心的 x 坐标。

图 2-12　【圆】属性管理器

【Y 坐标置中】G_y：设置圆心的 y 坐标。

【半径】$\diagdown$：设置圆的半径。

2.2.3 圆弧

绘制圆弧有【圆心/起/终点画弧】、【切线弧】和【三点圆弧】三种方法。下面分别介绍这些绘制方法。

（1）圆心/起/终点画弧

单击【草图】工具栏中的【圆心/起/终点画弧】按钮 或者选择【工具】|【草图绘制实体】|【圆心/起/终点画弧】菜单命令。

确定圆心，在绘图区中单击鼠标左键放置圆弧圆心。

拖动鼠标指针放置起点、终点。

单击鼠标左键，显示圆周参考线。

拖动鼠标指针确定圆弧的长度和方向，然后单击鼠标左键。

设置圆弧属性，单击【确定】按钮，完成圆弧的绘制。

（2）绘制切线弧

单击【草图】工具栏中的【切线弧】按钮 或选择【工具】|【草图绘制实体】|【切线弧】菜单命令。

在直线、圆弧、椭圆或者样条曲线的端点处单击鼠标左键，系统弹出【圆弧】属性管理器。拖动鼠标指针绘制所需的形状，单击鼠标左键。

设置圆弧的属性，单击【确定】按钮，完成圆弧的绘制。

（3）绘制三点圆弧

单击【草图】工具栏中的【三点圆弧】按钮 或者选择【工具】|【草图绘制实体】|【三点圆弧】菜单命令，系统弹出【圆弧】属性管理器。

在绘图区中单击鼠标左键确定圆弧的起点位置。

将鼠标指针拖动到圆弧结束处，再次单击鼠标左键确定圆弧的终点位置。

拖动圆弧设置圆弧的半径，必要时可更改圆弧的方向，单击鼠标左键。

设置圆弧的属性，单击【确定】按钮 ☑，完成圆弧的绘制。

（4）【圆弧】属性设置

在【圆弧】属性管理器中，可设置所绘制的【圆心/起/终点画弧】、【切线弧】和【三点圆弧】的属性，如图 2-13 所示。

●【现有几何关系】选项组

显示现有的几何关系，即在草图绘制过程中自动推理或使用【添加几何关系】选项组手动生成的几何关系（在列表中选择某一几何关系时，绘图区中的标注会高亮显示）；显示所选草图实体的状态信息，如"欠定义""完全定义"等。

图 2-13 【圆弧】属性管理器

●【添加几何关系】选项组

只列举所选实体可使用的几何关系,如【固定】等。

●【选项】选项组

启用【作为构造线】复选框,可将实体圆弧转换为构造几何体的圆弧。

●【参数】选项组

如果圆弧不受几何关系约束,可指定这些参数中的任何适当组合以定义圆弧。当更改一个或者多个参数时,其他参数会自动更新。

2.2.4 椭圆和椭圆弧

使用【椭圆】命令可生成一个完整椭圆;使用【部分椭圆】命令可生成一个椭圆弧。下面分别介绍其绘制方法。

(1)绘制椭圆

选择【工具】|【草图绘制实体】|【椭圆(长短轴)】菜单命令,系统弹出【椭圆】属性管理器,如图 2-14 左图所示。

选择【工具】|【草图绘制实体】|【部分椭圆】菜单命令,系统弹出【椭圆】属性管理器,如图 2-14 右图所示。

在绘图区中单击鼠标左键放置椭圆中心。

拖动鼠标指针并单击鼠标左键定义椭圆的长轴(或者短轴)。

拖动鼠标指针并再次单击鼠标左键定义椭圆的短轴(或者长轴)。

设置椭圆的属性,单击【确定】按钮,完成椭圆的绘制。

椭圆(长短轴)   部分椭圆

图 2-14 【椭圆】属性管理器

（2）绘制椭圆弧

在绘图区中单击鼠标左键放置椭圆的中心位置。

拖动鼠标指针并单击鼠标左键定义椭圆的第一个轴。

拖动鼠标指针并单击鼠标左键定义椭圆的第二个轴，保留圆周引导线。

围绕圆周拖动鼠标指针定义椭圆弧的范围。

设置椭圆弧属性，单击【确定】按钮✔，完成椭圆弧的绘制。

（3）【椭圆】属性设置

在【椭圆】属性管理器中编辑其属性，其中大部分选项组中的属性设置与【圆】属性设置相似，如图 2-14 所示，在此不做赘述。

【参数】选项组中的数值框，分别定义圆心的 x、y 坐标和短轴、长轴的长度。

2.2.5　矩形和平行四边形

使用【矩形】命令可生成水平或竖直的矩形；使用【平行四边形】命令可生成任意角度的平行四边形。

（1）绘制矩形

单击【草图】工具栏中的【边角矩形】按钮▢或选择【工具】|【草图绘制实体】|【矩形】菜单命令。

在绘图区中单击鼠标左键放置矩形的第一个顶点，拖动鼠标指针定义矩形。在拖动鼠标指针时，会动态显示矩形的尺寸，当矩形的大小和形状符合要求时释放鼠标。

要更改矩形的大小和形状，可选择并拖动一条边或一个顶点。在【线条属性】或【点】属性管理器中，【参数】选项组定义其位置坐标、尺寸等，也可以使用【智能尺寸】按钮⟨，定义矩形的位置坐标、尺寸等，单击【确定】按钮✔，完成矩形的绘制。

（2）绘制平行四边形

平行四边形的绘制方法与矩形类似，单击【草图】工具栏中的【平行四边形】按钮▱或选择【工具】|【草图绘制实体】|【平行四边形】菜单命令即可。

如果需要改变矩形或平行四边形中单条边线的属性，选择该边线，在【线条属性】属性管理器中编辑其属性。

2.2.6　抛物线

使用【抛物线】命令可生成各种类型的抛物线。下面介绍**绘制**抛物线的方法。

选择【工具】|【草图绘制实体】|【抛物线】菜单命令。

在绘图区中单击鼠标左键放置抛物线的焦点，然后将鼠标指针拖动到起点处，沿抛物线轨迹绘制抛物线，系统弹出【抛物线】属性管理器。

单击鼠标左键并拖动鼠标指针定义抛物线，设置抛物线属性，单击【确定】按钮✔，完成抛物线的绘制。

下面介绍【抛物线】属性设置方法。

（1）在绘图区中选择绘制的抛物线，当鼠标指针位于抛物线上时会变成 形状。系统弹出【抛物线】属性管理器，如图 2-15 所示。

图 2-15　【抛物线】属性管理器

（2）当选择抛物线顶点时，鼠标指针变成 形状，拖动顶点可改变曲线的形状。

● 将顶点拖离焦点时，抛物线开口扩大，曲线展开。

● 将顶点拖向焦点时，抛物线开口缩小，曲线变尖锐。

● 要改变抛物线一条边的长度而不修改抛物线的曲线，则应选择一个端点进行拖动。

（3）设置抛物线的属性。

在绘图区中选择绘制的抛物线，然后在【抛物线】属性管理器中编辑其各个点的属性。其他属性与【圆】属性设置相似，在此不做赘述。

2.2.7　多边形

使用【多边形】命令可以生成带有任何数量边的等边多边形。用内切圆或者外接圆的直径定义多边形的大小，还可指定旋转角度。

（1）绘制多边形的方法

单击【草图】工具栏中的【多边形】按钮 或选择【工具】|【草图绘制实体】|【多边形】菜单命令，系统弹出【多边形】属性管理器。

在【参数】选项组的【边数】数值框 中设置多变形的边数，或在绘制多边形之后修改其边数，选中【内切圆】或【外接圆】单选按钮，并在【圆直径】数值框 中设置圆直径数值。

在绘图区中单击鼠标左键放置多边形的中心，然后拖动鼠标指针定义多边形。

设置多边形的属性，单击【确定】按钮✔，完成多边形的绘制。

（2）【多边形】属性设置

完成多边形的绘制后，可通过编辑多边形属性来改变多边形的大小、位置、形状等。用鼠标右键单击多边形的一条边，在弹出的菜单中选择【编辑多边形】命令。

系统弹出【多边形】属性管理器，如图 2-16 所示，编辑多边形的属性。

2.2.8　点

使用【点】命令，可将点插入到草图和工程图中。

（1）单击【草图】工具栏中的【点】按钮▪或选择【工具】|【草图绘制实体】|【点】菜单命令。

（2）在绘图区单击鼠标左键放置点，系统弹出【点】属性管理器，如图 2-17 所示。【点】命令保持激活，可继续插入点。若要设置点的属性，则选择绘制的点，在【点】属性管理器中进行编辑。

图 2-16　【多边形】属性管理器

图 2-17　【点】属性管理器

2.2.9　样条曲线

定义样条曲线的点至少有三个，中间为型值点（或者通过点），两端为端点。可通过拖动样条曲线的型值点或端点改变其形状，也可在端点处指定相切，还可在 3D 草图绘制中绘制样条曲线，新绘制的样条曲线默认为"非成比例的"。

（1）绘制样条曲线

单击【草图】工具栏中的【样条曲线】按钮∿或选择【工具】|【草图绘制实体】|【样条曲线】菜单命令。

在绘图区单击鼠标左键放置第一点，然后拖动鼠标指针以定义曲线的第一段。

在绘图区中放置第二点，拖动鼠标指针以定义样条曲线的第二段。

重复以上步骤直到完成样条曲线。完成绘制时，双击最后一个点即可。

（2）样条曲线的属性设置

在【样条曲线】属性管理器中进行设置，如图 2-18 所示。

若样条曲线不受几何关系约束，则在【参数】选项组中指定以下参数定义样条曲线。

【样条曲线控制点数】$\mathbb{N}$：滚动查看样条曲线上的点时，曲线相应点的序数出现在框中。

【X 坐标】$\mathbb{N}$：设置样条曲线端点的 x 坐标。

【Y 坐标】$\mathbb{N}$：设置样条曲线端点的 y 坐标。

【相切重量 1】、【相切重量 2】：相切量。通过修改样条曲线点处的样条曲线曲率度数来控制相切向量。

【相切径向方向】：通过修改相对于 X、Y、Z 轴的样条曲线倾斜角度来控制相切方向。

【相切驱动】：启用该复选框，可以激活【相切重量 1】、【相切重量 2】和【相切径向方向】等参数。

【重设此控标】按钮：将所选样条曲线控标重返到其初始状态。

【重设所有控标】按钮：将所有样条曲线控标重返到其初始状态。

【驰张样条曲线】按钮：可显示控制样条曲线的多边形，然后拖动控制多边形上的任何节点以更改其形状，如图 2-19 所示。

图 2-18 【样条曲线】属性管理器

图 2-19　控制多边形的曲线

【成比例】：成比例的样条曲线在拖动端点时会保持形状，整个样条曲线会按比例调整大小，可为成比例样条曲线的内部端点标注尺寸和添加几何关系。

2.3　编辑草图

草图绘制完毕后，需要对草图进一步进行编辑以符合设计需要，本节介绍常用的草图编辑工具，如剪切复制、移动旋转、草图剪裁、草图延伸、分割合并、等距实体等。

2.3.1 剪切、复制、粘贴草图

在草图绘制中，可在同一草图中或在不同草图间进行剪切、复制、粘贴一个或多个草图实体的操作，如复制整个草图并将其粘贴到当前零件的一个面或另一个草图、零件、装配体或工程图文件中（目标文件必须是打开的）。

要在同一文件中复制草图或将草图复制到另一个文件，可在【特征管理器设计树】中选择、拖动草图实体，同时按住键盘上的 Ctrl 键。

要在同一草图内部移动，可在【特征管理器设计树】中选择并拖动草图实体，同时按住键盘上的 Shift 键，也可按照以下步骤复制、粘贴一个或者多个草图实体。

2.3.2 移动、旋转、缩放、复制草图

如果要移动、旋转、缩放、复制草图，可选择【工具】|【草图工具】菜单命令，然后选择以下命令。

【移动实体】：移动草图。

【旋转实体】：旋转草图。

【缩放实体比例】：按比例缩放草图。

【复制实体】：复制草图。

（1）移动和复制

使用【移动实体】命令可将实体移动一定距离，或以实体上某一点为基准，将实体移动至已有的草图点。

选择要移动的草图，然后选择【工具】|【草图工具】|【移动】菜单命令，系统弹出【移动】属性管理器。在【参数】选项组中，选中【从/到】单选按钮，再单击【起点】下的【基准点】选择框，在绘图区中选择移动的起点，拖动鼠标指针定义草图实体要移动到的位置，如图 2-20 所示。

图 2-20 移动草图

也可选中【X/Y】单选按钮，然后设置 ▲x【Delta X】和 ▲y【Delta Y】数值定义草图实体移动的位置。

提　示

　　【移动】或【复制】操作不生成几何关系。如果需要在移动或者复制过程中保留现有几何关系，则启用【保留几何关系】复选框；当取消启用【保留几何关系】复选框时，只有在所选项目和未被选择项目之间的几何关系被断开，所选项目之间的几何关系仍被保留。

（2）旋转

使用【旋转实体】命令 可使实体沿旋转中心旋转一定角度。

选择要旋转的草图。

选择【工具】|【草图工具】|【旋转】菜单命令。

系统弹出【旋转】属性管理器。在【参数】选项组中，单击【旋转中心】下的【基准点】选择框 ，然后在绘图区中单击鼠标左键放置旋转中心，如图 2-21 所示。

在【角度】数值框 中设置旋转角度，或将鼠标指针在绘图区中任意拖动，单击【确定】按钮 ，草图实体被旋转。

提　示

　　拖动鼠标指针时，角度捕捉增量根据鼠标指针离基准点的距离而变化，在【角度】数值框 中会显示精确的角度值。

（3）按比例缩放

使用【缩放实体比例】命令 可将实体放大或者缩小一定的倍数，或生成一系列尺寸成等比例的实体。

选择草图，选择【工具】|【草图工具】|【缩放比例】菜单命令，系统弹出【比例】属性管理器，如图 2-22 所示。

图 2-21　【旋转】属性管理器　　　　　图 2-22　【比例】属性管理器

【比例缩放点】：单击【基准点】选择框 ，在绘图区中单击草图的某个点作为比例缩放的基准点。

【比例因子】：比例因子按算术方法递增（不按几何方法）。

【复制】：启用此复选框，可以设置【份数】数值，可将草图按比例缩放并复制。

2.3.3 剪裁草图

使用剪裁命令可裁剪或延伸某一草图实体，使之与另一个草图实体重合，或者删除某一草图实体。

图 2-23 【剪裁】属性管理器

单击【草图】工具栏中的【剪裁实体】按钮或选择【工具】|【草图工具】|【剪裁】菜单命令，系统弹出【剪裁】属性管理器，如图 2-23 所示。

在【选项】选项组中可以设置以下参数。

（1）【强劲剪裁】：剪裁草图实体。拖动鼠标指针时，剪裁一个或多个草图实体到最近的草图实体处。

（2）【边角】：修改所选两个草图实体，直到它们以虚拟边角交叉。沿其自然路径延伸一个或两个草图实体时就会生成虚拟边角。

（3）【在内剪除】：剪裁位于两个所选边界之间的草图实体，例如，椭圆等闭环草图实体将会生成一个边界区域，方式与选择两个开环实体作为边界相同。

（4）【在外剪除】：剪裁位于两个所选边界之外的开环草图实体。

（5）【剪裁到最近端】：删除草图实体到与另一草图实体如直线、圆弧、圆、椭圆、样条曲线、中心线等或模型边线的交点。

在草图上移动鼠标指针，一直到希望剪裁（或者删除）的草图实体以红色高亮显示，然后单击该实体。如果草图实体没有和其他草图实体相交，则整个草图实体被删除。草图剪裁也可以删除草图实体余下的部分。

2.3.4 延伸、分割草图

下面介绍延伸和分割草图的方法。

（1）延伸草图

使用【延伸实体】命令可以延伸草图实体以增加其长度，如：直线、圆弧或中心线等。常用于将一个草图实体延伸到另一个草图实体。具体操作方法如下。

单击【草图】工具栏中的【延伸实体】按钮或者选择【工具】|【草图工具】|【延伸】菜单命令。

将鼠标指针拖动到要延伸的草图实体上，所选草图实体显示为红色，绿色的直线或圆弧表示草图实体延伸的方向。

单击该草图实体，草图实体延伸到与下一草图实体相交。

提　示

　　如果预览显示延伸方向出错，将鼠标指针拖动到直线或者圆弧的另一半上并再一次预览。

（2）分割草图

【分割实体】命令是通过添加分割点将一个草图实体分割成两个草图实体，具体操作方法如下。

首先打开需要分割实体的草图；然后选择【工具】|【草图工具】|【分割实体】菜单命令，或在绘图区中用鼠标右键单击草图实体，在弹出的快捷菜单中选择【分割实体】命令。

单击草图实体上的分割位置，该草图实体被分割成两个草图实体，这两个草图实体间会添加一个分割点，如图 2-24 所示。

图 2-24　分割点

2.3.5　等距实体

使用【等距实体】命令可将其他特征的边线以一定的距离和方向偏移，偏移的特征可以是一个或多个草图实体、一个模型面、一条模型边线或外部草图曲线。

选择一个草图实体或者多个草图实体、一个模型面、一条模型边线或外部草图曲线等，单击【草图】工具栏中的【等距实体】按钮 ┗ 或选择【工具】|【草图工具】|【等距实体】菜单命令，系统弹出【等距实体】属性管理器，如图 2-25 所示。

在【参数】选项组中设置以下参数。

（1）【等距距离】 ┗：设置等距数值，或在绘图区中移动鼠标指针以定义等距距离。

（2）【添加尺寸】：在草图中添加等距距离，不会影响到原有草图实体中的任何尺寸。

图 2-25　【等距实体】属性管理器

（3）【反向】：更改单向等距的方向。

（4）【选择链】：生成所有连续草图实体的等距实体。

（5）【双向】：在绘图区的两个方向生成等距实体。

（6）【顶端加盖】：通过启用【双向】复选框并添加顶盖以延伸原有非相交草图实体，可以选中【圆弧】或【直线】单选按钮作为延伸顶盖的类型。

（7）【构造几何体】：设置基本或者偏移几何体。

2.4　3D 草图

3D 草图由系列直线、圆弧以及样条曲线构成。3D 草图可以作为扫描路径，也可以用作放样或者扫描的引导线、放样的中心线等。

2.4.1　基本操作

单击【草图】工具栏中的【3D 草图】按钮 或选择【插入】|【3D 草图】菜单命令，开始绘制 3D 草图。

（1）3D 草图坐标系

生成 3D 草图时，在默认情况下，通常是相对于模型中默认的坐标系进行绘制。如果要切换到另外两个默认基准面中的一个，则单击所需的草图绘制工具，然后按键盘上的 Tab 键，当前草图基准面的原点显示出来。如果要改变 3D 草图的坐标系，则单击所需的草图绘制工具，按住键盘上的 Ctrl 键，然后单击一个基准面、一个平面或一个用户定义的坐标系。如果选择一个基准面或者平面，3D 草图基准面将进行旋转，使 X、Y 草图基准面与所选项目对正。如果选择一个坐标系，3D 草图基准面将进行旋转，使 X、Y 草图基准面与该坐标系的 X、Y 基准面平行。在开始 3D 草图绘制前，将视图方向改为等轴测，因为在此方向中 X、Y、Z 方向均可见，可以更方便地生成 3D 草图。

（2）空间控标

图 2-26　空间控标

当使用 3D 草图绘图时，一个图形化的助手可以帮助定位方向，此助手被称为空间控标。在所选基准面上定义直线或者样条曲线的第一个点时，空间控标就会显示出来。使用空间控标可提示当前绘图的坐标，如图 2-26 所示。

（3）3D 草图的尺寸标注

使用 3D 草图时，先按照近似长度绘制直线，然后再按照精确尺寸进行标注。选择两个点、一条直线或者两条平行线，可以添加一个长度尺寸。选择三个点或者两条直线，可以添加一个角度尺寸。

（4）直线捕捉

在 3D 草图中绘制直线时，可用直线捕捉零件中现有的几何体，如模型表面或顶点及草图点。如果沿一个主要坐标方向绘制直线，则不会激活捕捉功能；如果在一个平面上绘制直线，且系统推理出捕捉到一个空间点，则会显示一个暂时的 3D 图形框以指示不在平面上的捕捉。

2.4.2　3D 直线

当绘制直线时，直线捕捉到的一个主要方向时（即 X、Y、Z）将分别被约束为水平、竖直或沿 Z 轴方向（相对于当前的坐标系为 3D 草图添加几何关系），但并不一定要求沿着这三个主要方向之一绘制直线，可在当前基准面中与一个主要方向成任意角度进行绘制。

如果直线端点捕捉到现有的几何模型，可在基准面之外进行绘制。

　　一般是相对于模型中的默认坐标系进行绘制。如果需要转换到其他两个默认基准面，则选择【草图绘制】工具，然后按键盘上的 Tab 键，即显示当前草图基准面的原点。

　　（1）单击【草图】工具栏中的【3D 草图】按钮 3D 或选择【插入】|【3D 草图】菜单命令，进入 3D 草图绘制状态。

　　（2）单击【草图】工具栏中的【直线】按钮 ，系统弹出【插入线条】属性管理器。在绘图区中单击鼠标左键开始绘制直线，此时出现空间控标，帮助在不同的基准面上绘制草图（如果想改变基准面，按键盘上的 Tab 键）。

　　（3）拖动鼠标指针至直线段的终点处。

　　（4）如果要继续绘制直线，可选择线段的终点，然后按键盘上的 Tab 键转换到另一个基准面。

　　（5）拖动鼠标指针直至出现第 2 段直线，然后释放鼠标，如图 2-27 所示。

图 2-27　绘制 3D 直线

2.4.3　3D 圆角

3D 圆角的绘制方法如下。

　　（1）单击【草图】工具栏中的【3D 草图】按钮 3D 或选择【插入】|【3D 草图】菜单命令，进入 3D 草图绘制状态。

　　（2）单击【草图】工具栏中的【绘制圆角】按钮 或选择【工具】|【草图工具】|【圆角】菜单命令，系统弹出【绘制圆角】属性管理器。在【圆角参数】选项组中，设置 【圆角半径】数值，如图 2-28 所示。

　　（3）选择两条相交的线段或选择其交叉点，即可绘制出圆角，如图 2-29 所示。

图 2-28　【绘制圆角】属性管理器

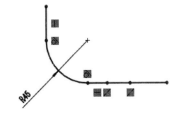

图 2-29　绘制圆角

2.4.4　3D 样条曲线

3D 样条曲线的绘制方法如下。

（1）单击【草图】工具栏中的【3D 草图】按钮⒊或选择【插入】|【3D 草图】菜单命令，进入 3D 草图绘制状态。

（2）单击【草图】工具栏中的【样条曲线】按钮Ⓝ或选择【工具】|【草图绘制实体】|【样条曲线】菜单命令。

（3）在绘图区中单击鼠标左键放置第一个点，拖动鼠标指针定义曲线的第一段，系统弹出【样条曲线】属性管理器，如图 2-30 所示，它比二维的【样条曲线】属性管理器多了Ⓝ【Z 坐标】参数。

（4）每次单击鼠标左键时，都会出现空间控标来帮助在不同的基准面上绘制草图（如果想改变基准面，按键盘上的 Tab 键）。

（5）重复前面的步骤，直到完成 3D 样条曲线的绘制。

2.4.5　3D 草图点

3D 草图点的绘制方法如下。

（1）单击【草图】工具栏中的【3D 草图】按钮⒊或者选择【插入】|【3D 草图】菜单命令，进入 3D 草图绘制状态。

（2）单击【草图】工具栏中的【点】按钮▫或者选择【工具】|【草图绘制实体】|【点】菜单命令。

（3）在绘图区中单击鼠标左键放置点，系统弹出【点】属性管理器，如图 2-31 所示，它比二维的【点】属性管理器多了⁙【Z 坐标】参数。

图 2-30　【样条曲线】属性管理器

图 2-31　【点】属性管理器

（4）【点】命令保持激活，可继续插入点。

如果需要改变【点】属性，可在 3D 草图中选择一个点，然后在【点】属性管理器中编辑其属性。

2.5　设计范例

2.5.1　绘制基座草图范例

扫码看视频

> 本节范例文件：范例文件/第 2 章/2-1.SLDPRT
>
> 多媒体教学路径：多媒体教学→第 2 章→2.5.1 范例

 范例分析

本范例是绘制一个基座平面草图，首先选择绘制平面，之后使用绘制草图工具进行草图图形的绘制，最后进行剪裁。

 范例操作

Step1 创建草绘

① 单击【草图】工具栏中的【草图绘制】按钮 □，进行草图绘制。

② 在模型树中，选择前视基准面，如图 2-32 所示。

图 2-32　创建草绘

Step2 绘制矩形

单击【草图】工具栏中的【边角矩形】按钮□，绘制 100×100 的矩形，如图 2-33 所示。

Step3 绘制圆角

①单击【草图】工具栏中的【绘制圆角】按钮⌐，设置圆角的半径为 10，如图 2-34 所示。

②将矩形的四个角绘制为圆角。

图 2-33　绘制矩形

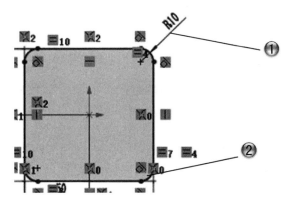

图 2-34　绘制圆角

Step4 绘制同心圆形

①单击【草图】工具栏中的【圆】按钮☉，绘制直径为 30 的圆形，如图 2-35 所示。

②再次绘制和上一个圆形同心的直径为 80 的同心圆形。

Step5 绘制矩形

再次绘制 60×60 的矩形，如图 2-36 所示。

图 2-35　绘制同心圆

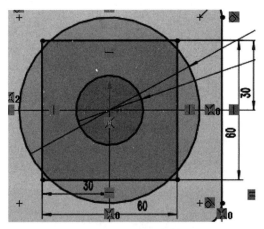

图 2-36　绘制矩形

Step6 剪裁图形

单击【草图】工具栏中的【剪裁实体】按钮📳，对图形进行剪裁，如图 2-37 所示。

Step7 绘制直线

单击【草图】工具栏中的【直线】按钮✎，绘制直线图形，如图 2-38 所示。

图 2-37　剪裁实体

图 2-38　绘制直线图形

Step8 剪裁图形

再次剪裁图形，如图 2-39 所示。

Step9 绘制同心圆

①单击【草图】工具栏中的【圆】按钮⊙，绘制直径为 5 的圆形，如图 2-40 所示。
②再次绘制和上一个圆形同心的直径为 10 的同心圆形。

图 2-39　剪裁实体

图 2-40　绘制同心圆

Step10 绘制圆角

单击【草图】工具栏中的【绘制圆角】按钮，绘制半径为 4 的圆角，如图 2-41 所示。

图 2-41　绘制圆角

Step11 进行圆周草图阵列

单击【草图】工具栏中的【圆周草图阵列】按钮，创建圆角图形的环形阵列，如图 2-42 所示。至此，范例制作完成，结果如图 2-43 所示。

图 2-42　阵列图形

图 2-43　基座草图

扫码看视频

2.5.2　三维草图范例

本节范例文件：范例文件/第 2 章/2-2.SLDPRT

多媒体教学路径：多媒体教学→第 2 章→2.5.2 范例

范例分析

本范例是创建一个三维草图，绘制前需要创建二维平面草图，之后在平面草图基础上进行空间直线的绘制。

范例操作

Step1 创建草绘

① 单击【草图】工具栏中的【草图绘制】按钮 □，进行草图绘制。

② 在模型树中，选择前视基准面，如图 2-44 所示。

图 2-44　创建草绘

Step2 绘制矩形

单击【草图】工具栏中的【边角矩形】按钮 □，在绘图区中，绘制 40×100 的矩形，如图 2-45 所示。

Step3 创建 3D 直线 1

① 单击【草图】工具栏中的【3D 草图】按钮 ③，绘制空间草图，如图 2-46 所示。

② 单击【草图】工具栏中的【直线】按钮 ／。

③ 绘制长度为 50 的直线。

图 2-45　绘制矩形

图 2-46　创建 3D 直线 1

Step4 创建 3D 直线 2

单击【草图】工具栏中的【直线】按钮 ✎，绘制长度为 50 的另一条直线，如图 2-47 所示。

图 2-47　创建 3D 直线 2

Step5 复制直线 1

① 单击【草图】工具栏中的【复制实体】按钮 ⚂，在绘图区中，选择直线 1 并设置参数，如图 2-48 所示。

② 在【3D 复制】属性管理器中，单击【确定】按钮 ✓，复制草图。

图 2-48　复制直线 1

Step6 复制直线 2

① 单击【草图】工具栏中的【复制实体】按钮 ⚂，在绘图区中，选择直线 2 并设置参数，如图 2-49 所示。

②在【3D 复制】属性管理器中，单击【确定】按钮☑，复制草图。

图 2-49　复制直线 2

Step7 绘制直线 3

单击【草图】工具栏中的【直线】按钮✎，绘制长度为 80 的直线，如图 2-50 所示。

Step8 绘制封闭图形

①单击【草图】工具栏中的【直线】按钮✎，在绘图区中绘制直线，如图 2-51 所示。

②在绘图区继续绘制直线，成为封闭的三角形。这样这个范例制作完成，绘制完成的草图如图 2-52 所示。

图 2-50　绘制直线 3

图 2-51　绘制封闭图形

图 2-52　三维草图结果

2.6　本章小结

本章主要介绍了 SOLIDWORKS 2021 的草图设计内容，包括草图设计的基本概念，绘制草图的各种命令，以及编辑草图的各种方法。之后介绍的 3D 草图方便创建空间曲线，为以后的曲面、曲线和空间特征的创建打下基础。

第 3 章
实体特征设计

本 章 导 读

拉伸凸台/基体是由草图生成的实体零件的第一个特征，基体是实体的基础，在此基础上可以通过增加和减少材料来创建各种复杂的实体零件，本章重点讲解增加材料的拉伸凸台特征和减少材料的拉伸切除特征。

旋转特征通过绕中心线旋转一个或多个轮廓来添加或移除材料，可以生成凸台/基体、旋转切除或旋转曲面，旋转特征可以是实体、薄壁特征或曲面。

扫描特征是通过沿着一条路径移动轮廓（截面）来生成凸台/基体、切除或曲面的方法，使用该方法可以生成复杂的模型零件。

放样特征通过在轮廓之间进行过渡以生成特征。

本章主要介绍 SOLIDWORKS 2021 中各种实体特征设计命令的使用方法，主要包括拉伸、旋转、扫描和放样。

3.1　拉伸特征

拉伸特征包括拉伸凸台/基体特征和拉伸切除特征，下面将着重介绍这两种特征。

3.1.1　拉伸凸台/基体特征

单击【特征】工具栏中的【拉伸凸台/基体】按钮或选择【插入】|【凸台/基体】|【拉伸】菜单命令，系统弹出【凸台-拉伸】属性管理器，如图 3-1 所示。

（1）【从】选项组

该选项组用来设置特征拉伸的开始条件，其选项包括【草图基准面】、【曲面/面/基准面】、【顶点】和【等距】，如图 3-1 所示。

- 【草图基准面】：以草图所在的基准面作为基础开始拉伸。
- 【曲面/面/基准面】：以这些实体作为基础开始拉伸。操作时必须为【曲面/面/基准面】
  选择有效的实体，实体可以是平面或者非平面，平面实体不必与草图基准面平行，
  但草图必须完全在非平面曲面或者平面的边界内。
- 【顶点】：从选择的顶点处开始拉伸。
- 【等距】：从与当前草图基准面等距的基准面上开始拉伸，等距距离可以手动输入。

（2）【方向 1】选项组

【终止条件】：设置特征拉伸的终止条件，其选项如图 3-2 所示。单击【反向】按钮↗，
可沿预览中所示的相反方向拉伸特征。

- 【拉伸方向】↗：在图形区域中选择方向向量，并从垂直于草图轮廓的方向拉伸草图。
- 【拔模开/关】：设置【拔模角度】数值，如果有必要，启用【向外拔模】复选框。

图 3-1　【凸台-拉伸】属性管理器

图 3-2　【终止条件】选项

（3）【方向 2】选项组

该选项组中的参数用来设置同时从草图基准面向两个方向拉伸的相关参数，用法和【方向 1】选项组基本相同。

（4）【薄壁特征】选项组

薄壁特征基体是钣金零件的基础。该选项组中的参数可控制拉伸的【厚度】数值。

【类型】：设置【薄壁特征】拉伸的类型，如图 3-3 所示。

【顶端加盖】：为薄壁特征拉伸的顶端加盖，生成一个中空的零件（仅限于闭环的轮廓草图）。

图 3-3　【薄壁特征】选项组

图 3-4 【切除-拉伸】
属性管理器

【加盖厚度】 （在启用【顶端加盖】复选框时可用）：设置薄壁特征从拉伸端到草图基准面的加盖厚度，只可用于模型中第一个生成的拉伸特征。

（5）【所选轮廓】选项组

【所选轮廓】 ：允许使用部分草图生成拉伸特征，可以在图形区域中选择草图轮廓和模型边线。

3.1.2 拉伸切除特征

单击【特征】工具栏中的【拉伸切除】按钮 或选择【插入】|【切除】|【拉伸】菜单命令，弹出【切除-拉伸】属性管理器，如图 3-4 所示。

该属性设置与【拉伸】的属性设置方法基本一致。不同之处是，在【方向 1】选项组中多了【反侧切除】复选框。

【反侧切除】（仅限于拉伸的切除）：移除轮廓外的所有部分，如图 3-5 所示。在默认情况下，从轮廓内部移除，如图 3-6 所示。

图 3-5 拉伸反侧切除   图 3-6 拉伸默认切除

3.2 旋转特征

下面讲解旋转特征的属性设置和创建旋转特征的操作步骤。

3.2.1 旋转凸台/基体特征

单击【特征】工具栏中的【旋转凸台/基体】按钮 或者选择【插入】|【凸台/基体】|【旋转】菜单命令，系统打开【旋转】属性管理器，如图 3-7 所示。

（1）【旋转轴】和【方向】选项组

【旋转轴】 ：选择旋转所围绕的轴，根据生成旋转特征的类型来看，此轴可以为中心线、直线或者边线。

【方向】：从草图基准面中定义旋转方向，其选项如图 3-7 所示。

【反向】按钮：单击该按钮，更改旋转方向。

【方向 1 角度】：设置旋转角度，默认的角度为 360°，沿顺时针方向从所选草图开始测量角度。

（2）【薄壁特征】选项组

【类型】：设置旋转厚度的方向。

【单向】：以同一【方向 1 厚度】数值，从草图以单一方向添加薄壁特征体积。如果有必要，单击【反向】按钮反转薄壁特征体积添加的方向。

【两侧对称】：以同一【方向 1 厚度】数值，并以草图为中心，在草图两侧使用均等厚度的体积添加薄壁特征。

【双向】：在草图两侧添加不同厚度的薄壁特征的体积。设置【方向 1 厚度】数值，从草图向外添加薄壁特征的体积；设置【方向 2 厚度】数值，从草图向内添加薄壁特征的体积。

（3）【所选轮廓】选项组

在使用多轮廓生成旋转特征时使用此选项。

单击【所选轮廓】选择框，拖动鼠标指针，在图形区域中选择适当轮廓，此时显示出旋转特征的预览，可以选择任何轮廓以生成单一或者多实体零件，单击【确定】按钮，生成旋转特征。

图 3-7　【旋转】属性管理器

3.2.2　旋转切除特征

单击【特征】工具栏中的【旋转切除】按钮或选择【插入】|【切除】|【旋转】菜单命令，弹出【切除-旋转】属性管理器，如图 3-8 所示。

该属性设置与【旋转】的属性设置方法基本一致。不同之处是特征经过的区域都会去掉，如图 3-9 所示。

图 3-8　【切除-旋转】属性管理器

图 3-9　旋转切除特征

3.3 扫描特征

扫描特征是沿着一条路径移动轮廓，生成凸台/基体、切除或者曲面的一种方法。扫描特征时可利用引导线生成多轮廓特征及薄壁特征。

3.3.1 扫描特征的使用方法

扫描特征的使用方法如下。

（1）单击【特征】工具栏中的【扫描】按钮 或选择【插入】|【凸台/基体】|【扫描】菜单命令。

（2）选择【插入】|【切除】|【扫描】菜单命令。

（3）单击【曲面】工具栏中的【扫描曲面】按钮 或选择【插入】|【曲面】|【扫描曲面】菜单命令。

3.3.2 扫描特征的属性设置

单击【特征】工具栏中的【扫描】按钮 或者选择【插入】|【凸台/基体】|【扫描】菜单命令，打开【扫描】属性管理器，如图 3-10 所示。

（1）【轮廓和路径】选项组

【轮廓】 ：设置用来生成扫描的草图轮廓。在图形区域中或【特征管理器设计树】中选择草图轮廓。基体或凸台的扫描特征轮廓应为闭环，曲面扫描特征的轮廓可为开环或闭环。

【路径】 ：设置轮廓扫描的路径。路径可以是开环或者闭环，是草图中的一组曲线、一条曲线或一组模型边线，但路径的起点必须位于轮廓的基准面上。

图 3-10 【扫描】属性管理器

提 示

不论是轮廓、路径或形成的实体，都不能自相交叉。

（2）【引导线】选项组

【引导线】 ：在轮廓沿路径扫描时加以引导以生成特征。

🔔 **注意：**

引导线必须与轮廓或轮廓草图中的点重合。

【上移】 、【下移】 ：调整引导线的顺序。选择一条引导线并拖动鼠标指针以调整轮廓顺序。

【合并平滑的面】：改进引导线扫描的性能，并在引导线或者路径不是曲率连续的所有点处分割扫描。

【显示截面】 ：显示扫描的截面。单击 箭头，按截面数查看轮廓并进行删减。

（3）【选项】选项组

【轮廓方位】：控制轮廓在沿路径扫描时的方向，其选项如图 3-11 所示。

【轮廓扭转】：控制轮廓在沿路径扫描时的形变方向，其选项如图 3-12 所示。

【合并切面】：将多个实体合并成一个实体。

【显示预览】：显示扫描的上色预览；取消选择此项，则只显示轮廓和路径。

图 3-11　【轮廓方位】选项

图 3-12　【轮廓扭转】选项

（4）【起始处/结束处相切】选项组

【起始处相切类型】选项组如图 3-13 所示。

【无】：不应用相切。

【路径相切】：垂直于起始点路径而生成扫描。

【结束处相切类型】：与【起始处相切类型】的选项相同，如图 3-14 所示，在此不做赘述。

图 3-13　【起始处相切类型】选项

图 3-14　【结束处相切类型】选项

（5）【薄壁特征】选项组

【薄壁特征】选项组设置【薄壁特征】扫描的类型，其选项如图 3-15 所示。

【单向】：设置同一【厚度】数值🔁，以单一方向从轮廓生成薄壁特征。

【两侧对称】：设置同一【方向 1 厚度】数值🔁，以两个方向从轮廓生成薄壁特征。

【双向】：设置不同【方向 1 厚度】数值🔁、【方向 2 厚度】数值🔁，以相反的两个方向从轮廓生成薄壁特征。生成的薄壁特征扫描，如图 3-16 所示。

图 3-15 【薄壁特征】选项组   图 3-16 薄壁特征扫描

（6）【曲率显示】选项组

【曲率显示】选项组，如图 3-17 所示。

【网格预览】：显示及设置模型上的网格和网格密度，如图 3-18 所示。

图 3-17 【曲率显示】选项组   图 3-18 模型网格

【斑马条纹】：显示模式上的斑马应力条纹，以便观察应力分布，如图 3-19 所示。

【曲率检查梳形图】：显示模型上的曲率分布，如图 3-20 所示。

图 3-19　模型斑马纹　　　　　　　　　图 3-20　模型曲率

3.4　放样特征

放样特征通过在轮廓之间进行过渡以生成特征，放样的对象可以是基体/凸台、切除或者曲面，可用两个或多个轮廓生成放样，但仅第一个或最后一个对象的轮廓可以是点。

3.4.1　放样特征的使用方法

放样特征的使用方法如下。

（1）单击【特征】工具栏中的【放样凸台/基体】按钮 或选择【插入】|【凸台/基体】|【放样】菜单命令。

（2）选择【插入】|【切除】|【放样】菜单命令。

（3）单击【曲面】工具栏中的【放样曲面】按钮 或选择【插入】|【曲面】|【放样】菜单命令。

3.4.2　放样特征的属性设置

选择【插入】|【凸台/基体】|【放样】菜单命令，系统弹出【放样】属性管理器，如图 3-21 所示。

（1）【轮廓】选项组

【轮廓】 ：用来生成放样的轮廓，可以选择要放样的草图轮廓、面或者边线。

【上移】 、【下移】 ：调整轮廓的顺序。

提 示

如果放样预览显示放样不理想，重新选择或将草图重新组序以在轮廓上连接不同的点。

图 3-21 【放样】属性管理器

（2）【起始/结束约束】选项组

【开始约束】、【结束约束】：应用约束以控制开始和结束轮廓的相切，其选项如图 3-22 所示。

【方向向量】 ↗（在设置【开始/结束约束】为【方向向量】时可用）：按照所选择的方向向量应用相切约束，放样与所选线性边线或轴相切，或与所选面或基准面的法线相切，如图 3-23 所示。

图 3-22 【开始约束】、【结束约束】选项　　图 3-23 设置【开始约束】参数

【拔模角度】（在设置【开始/结束约束】为【方向向量】或【垂直于轮廓】时可用）：为起始或结束轮廓应用拔模角度，如图 3-23 所示。

【起始/结束处相切长度】（在设置【开始/结束约束】为【无】时不可用）：控制对放样

的影响量，如图 3-23 所示。

【应用到所有】：显示一个为整个轮廓控制所有约束的控标；取消启用此复选框，显示可允许单个线段控制约束的多个控标。

在选择不同【开始/结束约束】选项时的效果如图 3-24 所示。

设置【开始约束】和【结束约束】为【无】

设置【开始约束】为【无】，设置【结束约束】为【垂直于轮廓】

设置【开始约束】为【垂直于轮廓】，设置【结束约束】为【无】

设置【开始约束】为【垂直于轮廓】，设置【结束约束】为【垂直于轮廓】

设置【开始约束】为【方向向量】，设置【结束约束】为【无】

设置【开始约束】为【方向向量】，设置【结束约束】为【垂直于轮廓】

图 3-24　选择不同选项的效果

（3）【引导线】选项组

【引导线感应类型】：控制引导线对放样的影响力，其选项如图 3-25 所示。

【引导线】🔧：选择引导线来控制放样。

【上移】⬆、【下移】⬇：调整引导线的顺序。

【草图<n>-相切】：控制放样与引导线相交处的相切关系（n 为所选引导线标号），其选项如图 3-25 所示。

提　示

为获得最佳结果，轮廓在其与引导线相交处还应与相切面相切。理想的公差是 2° 或者小于 2°，可以使用连接点离相切面小于 30° 的轮廓（角度大于 30°，放样就会失败）。

（4）【中心线参数】选项组

【中心线参数】选项组如图 3-26 所示。

【中心线】🔧：使用中心线引导放样形状。

【截面数】：在轮廓之间并围绕中心线添加截面。

【显示截面】：显示放样截面。单击 ⬍ 箭头显示截面，也可输入截面数，然后单击【显示截面】按钮 👁 跳转到该截面。

图 3-25 【引导线感应类型】选项

图 3-26 【中心线参数】选项组

（5）【草图工具】选项组

【拖动草图】按钮：激活拖动模式，当编辑放样特征时，可从任何已经为放样定义了轮廓线的 3D 草图中拖动 3D 草图线段、点或基准面，3D 草图在拖动时自动更新。如果需要退出草图拖动状态，再次单击【拖动草图】按钮即可。

【撤销草图拖动】按钮：撤销先前的草图拖动并将预览返回到其先前状态。

图 3-27 【选项】选项组

（6）【选项】选项组

【选项】选项组如图 3-27 所示。

【合并切面】：如果对应的线段相切，则保持放样中的曲面相切。

【闭合放样】：沿放样方向生成闭合实体，选择此选项会自动连接最后一个和第一个草图实体。

【显示预览】：显示放样的上色预览；取消选择此选项，则只能查看路径和引导线。

【微公差】：在非常小的几何图形区域之间设置公差，创建放样时启用此设置。

（7）【薄壁特征】选项组

设置【薄壁特征】放样的类型如图 3-27 所示。

【单向】：设置同一【厚度】数值，以单一方向从轮廓生成薄壁特征。

【两侧对称】：设置同一【厚度】数值，以两个方向从轮廓生成薄壁特征。

【双向】：设置不同【厚度】数值、【方向 2 厚度】数值，以两个相反的方向从轮廓生成薄壁特征。

（8）【曲率显示】选项组

【网格预览】：显示及设置模型上的网格和网格密度。

【斑马条纹】：显示模式上的斑马应力条纹，以便观察应力分布。

【曲率检查梳形图】：显示模型上的曲率分布。

3.5　设计范例

扫码看视频

3.5.1　绘制阶梯轴范例

本节范例文件：范例文件/第 3 章/3-1.SLDPRT

多媒体教学路径：多媒体教学→第 3 章→3.5.1 范例

 范例分析

本范例是创建一个阶梯轴零件模型，首先使用旋转命令创建凸台，之后使用倒角和拉伸切除命令创建其他特征，最终完成阶梯轴零件模型。

范例操作

Step1 创建草绘图形

① 单击【草图】工具栏中的【草图绘制】按钮□，选择前视基准面，进行草图绘制，如图 3-28 所示。

② 在前视基准面上绘制直线草图。

图 3-28　绘制草图

Step2 创建旋转特征

① 单击【特征】工具栏中的【旋转凸台/基体】按钮，设置旋转特征参数，如图 3-29 所示。

② 对上一步绘制的草图进行旋转操作，形成凸台。

图 3-29　旋转凸台

Step3 创建倒角特征

① 单击【特征】工具栏中的【倒角】按钮 ⬡，设置倒角参数，如图 3-30 所示。

② 为凸台端头创建倒角特征。

图 3-30　创建倒角

Step4 创建基准面

① 单击【特征】工具栏中的【基准面】按钮 ▦，设置基准面参数，如图 3-31 所示。

② 在模型上创建基准面。

图 3-31　创建基准面

Step5 绘制草图

单击【草图】工具栏中的【直槽口】按钮💿，以基准面作为草绘基准绘制直槽口图形，如图 3-32 所示。

图 3-32　绘制直槽口

Step6 创建拉伸切除特征

①单击【特征】工具栏中的【拉伸切除】按钮💿，设置拉伸切除特征的参数，如图 3-33 所示。

②在零件上创建出拉伸切除特征，得到键槽。至此完成阶梯轴模型范例的创建，结果如图 3-34 所示。

图 3-33　创建拉伸切除特征

图 3-34　阶梯轴模型

3.5.2　绘制斜齿轮范例

扫码看视频

本节范例文件：范例文件/第 3 章/3-2.SLDPRT

多媒体教学路径：多媒体教学→第 3 章→3.5.2 范例

范例分析

　　本范例是创建一个斜齿轮模型，首先绘制草图，使用拉伸命令绘制齿轮基体，然后使用扫描命令创建斜齿，最后进行圆周复制，得到斜齿轮模型。

范例操作

Step1 创建草绘图形 1

 单击【草图】工具栏中的【草图绘制】按钮，选择前视基准面，进行草图绘制，如图 3-35 所示。

② 在前视基准面上绘制两个同心圆形。

Step2 创建拉伸特征

① 单击【特征】工具栏中的【拉伸凸台/基体】按钮，设置拉伸特征参数，如图 3-36 所示。

② 对上一步绘制的草图进行拉伸操作，形成基体。

图 3-35　绘制圆形　　　　　　　　　　　图 3-36　拉伸基体

Step3 创建草图 2

再次进入草绘模型，继续绘制圆形，如图 3-37 所示。

Step4 创建拉伸切除特征

①单击【特征】工具栏中的【拉伸切除】按钮📷，设置拉伸切除特征的参数，如图 3-38 所示。

②在基体上创建出拉伸切除特征。

图 3-37　绘制圆形　　　　　　　　　　图 3-38　创建拉伸切除特征

Step5 绘制齿形草图

进入草绘模式，单击【草图】工具栏中的【直线】按钮✏，绘制梯形，如图 3-39 所示。

Step6 绘制直线

单击【草图】工具栏中的【直线】按钮✏，绘制直线，如图 3-40 所示。

图 3-39　绘制梯形　　　　　　　　　　　　　　　　图 3-40　绘制直线

Step7 创建投影曲线

①单击【特征】工具栏中的【投影曲线】按钮，设置投影曲线的参数，如图 3-41 所示。

②在绘图区域中创建投影曲线。

Step8 创建扫描特征

①单击【特征】工具栏中的【扫描】按钮，设置扫描特征的参数，如图 3-42 所示。

②在绘图区域中创建扫描特征，得到斜齿。

图 3-41　创建投影曲线　　　　　　　　　　　　图 3-42　创建扫描特征

Step9 圆周阵列特征

①单击【特征】工具栏中的【圆周阵列】按钮，设置圆周阵列特征的参数，如图 3-43 所示。

②对斜齿创建圆周阵列特征。至此，完成斜齿轮模型范例的创建，结果如图 3-44 所示。

图 3-43 创建阵列　　　　　　　　　图 3-44 斜齿轮模型

3.6 本章小结

　　本章主要介绍了 SOLIDWORKS 2021 实体特征的各种创建方法,熟悉了实体特征命令,其中包括拉伸、旋转、扫描和放样这四类命令,相关的命令还对应相应的切除命令,比如拉伸切除和旋转切除命令,读者可以结合范例进行学习。

第4章

实体附加特征

本 章 导 读

　　实体附加特征是针对已经完成的实体模型，进行辅助性编辑的操作，进而形成的特征。在实体上添加各种附加特征，有多种命令可以实现。

　　本章主要介绍 SOLIDWORKS 2021 的实体附加特征，包括圆角特征、倒角特征、筋特征、孔特征和抽壳特征。筋特征用于在指定的位置生成加强筋；孔特征用于在给定位置生成直孔或异型孔；圆角特征一般用于给铸造类零件的边线添加圆角；倒角特征是在零件的边缘产生倒角；抽壳特征用于掏空零件，使选择的面敞开，在剩余的面上生成薄壁特征。

4.1　圆角特征

　　圆角特征是在零件上生成内圆角面或者外圆角面的一种特征，可在一个面的所有边线、所选的多组面、所选的边线或边线环上生成圆角。

　　一般而言，在生成圆角时应遵循以下规则：

　　（1）在添加小圆角之前添加较大圆角。当有多个圆角汇聚于一个顶点时，先生成较大的圆角。

　　（2）在生成圆角前先添加拔模特征。如果要生成具有多个圆角边线及拔模面的铸模零件，在大多数情况下，应在添加圆角之前添加拔模特征。

　　（3）最后添加装饰用的圆角。在大多数其他几何体定位后尝试添加装饰圆角，添加的时间越早，系统重建零件需要花费的时间越长。

　　（4）如果要加快零件重建的速度，会使用一次生成多个圆角的方法处理，需要相同半径圆角的多条边线。

4.1.1　恒定大小圆角特征的属性设置

　　选择【插入】|【特征】|【圆角】菜单命令或者单击【特征】工具栏中的【圆角】按钮

，系统弹出【圆角】属性管理器。

在整个边线上生成具有相同半径的圆角。选中【恒定大小圆角】单选按钮 ，【手工】模式下的【圆角】属性管理器，如图 4-1 所示。

（1）【要圆角化的项目】选项组

【边线、面、特征和环】：在图形区域中选择要进行圆角处理的实体。

【切线延伸】：将圆角延伸到所有与所选面相切的面。

【完整预览】：显示所有边线的圆角预览。

【部分预览】：只显示一条边线的圆角预览。

【无预览】：可以缩短复杂模型的重建时间。

（2）【圆角参数】选项组

【半径】：设置圆角的半径。

【轮廓】：选择圆角的轮廓形状。

（3）【逆转参数】选项组

在混合曲面之间沿着模型边线生成圆角并形成平滑的过渡，如图 4-2 所示。

图 4-1　【要圆角化的项目】选项组

图 4-2　【圆角】属性管理器其他参数

【距离】：在顶点处设置圆角逆转距离。

【逆转顶点】🎲：在图形区域中选择一个或者多个顶点。

【逆转距离】💥：以相应的【距离】数值💠列举边线数。

【设定所有】：应用当前的【距离】数值💠到【逆转距离】💥下的所有项目。

（4）【部分边线参数】选项组

【部分边线参数】选项组设置一部分边线的参数起至。

【选择边线】选择框🎲：选择部分修改的边线。

【与起点的偏移距离】💠：设置部分边线的开始参数。

【与端点的偏移距离】💠：设置部分边线的终止参数。

（5）【圆角选项】选项组

【通过面选择】：应用通过隐藏边线的面选择边线。

【保持特征】：如果应用一个大到可以覆盖特征的圆角半径，则保持切除或者凸台特征使其可见。

【圆形角】：生成含圆形角的等半径圆角。必须选择至少两个相邻边线使其圆角化，圆形角在边线之间有平滑过渡，可以消除边线汇合处的尖锐接合点。

【扩展方式】：控制在单一闭合边线（如圆、样条曲线、椭圆等）上圆角与边线汇合时的方式。

【默认】：由应用程序选中【保持边线】或【保持曲面】单选按钮。

【保持边线】：模型边线保持不变，而圆角则进行调整。

【保持曲面】：圆角边线调整为连续和平滑，而模型边线更改与圆角边线匹配。

4.1.2　变量大小圆角特征的属性设置

生成含可变半径值的圆角，使用控制点帮助定义圆角。选中【变量大小圆角】单选按钮🎲，属性管理器设置如图 4-3 所示。

（1）【要圆角化的项目】选项组

【边线、面、特征和环】🎲：在图形区域中选择需要圆角处理的实体。

（2）【变半径参数】选项组

【半径】🎔：设置圆角半径。

【附加的半径】🎔：列举在【要圆角化的项目】选项组的【边线、面、特征和环】选择框🎲中的边线顶点，并列举在图形区域中选择的控制点。

【设定未指定的】：应用当前的【半径】🎔到【附加的半径】🎔下所有未指定半径的项目。

【设定所有】：应用当前的【半径】🎔到【附加的半径】🎔下的所有项目。

【实例数】🎔：设置边线上的控制点数。

【平滑过渡】：生成圆角，当一条圆角边线接合于一个邻近面时，圆角半径从某一半径平滑地转换为另一半径。

【直线过渡】：生成圆角，圆角半径从某一半径线性转换为另一半径，但是不将切边与邻近圆角相匹配。

（3）【逆转参数】选项组

与【恒定大小圆角】的【逆转参数】选项组属性设置相同。

（4）【圆角选项】选项组

与【恒定大小圆角】的【圆角选项】选项组属性设置相同。

4.1.3　面圆角特征的属性设置

用于混合非相邻、非连续的面。选中【面圆角】单选按钮，属性设置如图 4-4 所示。

图 4-3　选中【变量大小圆角】单选按钮属性设置

图 4-4　选中【面圆角】单选按钮属性设置

（1）【要圆角化的项目】选项组

【半径】：设置圆角半径。

【面组 1】：在图形区域中选择要混合的第一个面或第一组面。

【面组 2】：在图形区域中选择要与【面组 1】混合的面。

（2）【圆角参数】选项组

与【恒定大小圆角】的【圆角参数】选项组属性设置相同。

（3）【圆角选项】选项组

【通过面选择】：应用通过隐藏边线的面选择边线。

【辅助点】：在不清楚何处发生面混合时解决模糊选择的问题。单击【辅助点顶点】选择框，然后单击要插入面圆角的边线上的一个顶点，圆角在靠近辅助点的位置处生成。

4.1.4　完整圆角特征的属性设置

完整圆角是生成相切于三个相邻面组（一个或者多个面相切）的圆角。选中【完整圆角】单选按钮，属性设置如图 4-5 所示。

图 4-5　选中【完整圆角】单选按钮后的属性设置

【面组 1】：选择第一个边侧面。

【中央面组】：选择中央面。

【面组 2】：选择与【面组 1】相反的面组。

4.1.5　【FilletXpert】模式圆角特征的属性设置

在【FilletXpert】模式中的属性管理器，如图 4-6 所示。在【FilletXpert】模式中，可以帮助管理、组织和重新排序圆角。使用【添加】选项卡可以生成新的圆角，使用【更改】选项卡可以修改现有圆角，如图 4-6 所示。

（1）【圆角项目】选项组

【边线、面、特征和环】：在图形区域中选择要用圆角处理的实体。

【半径】：设置圆角半径。

（2）【选项】选项组

【通过面选择】：在上色或者 HLR 显示模式中应用隐藏边线的选择。

【切线延伸】：将圆角延伸到所有与所选边线相切的边线。

【完整预览】：显示所有边线的圆角预览。

【部分预览】：只显示一条边线的圆角预览。

【无预览】：可以缩短复杂圆角的显示时间。

（3）【要更改的圆角】选项组

单击【更改】标签，切换到【更改】选项卡，如图 4-7 所示。

【边线、面、特征和环】：选择要调整大小或者删除的圆角，可以在图形区域中选择个别边线，从包含多条圆角边线的圆角特征中删除个别边线或调整其大小，或以图形方式编辑圆角，而不必知道边线在圆角特征中的组织方式。

【半径】：设置新的圆角半径。

【调整大小】按钮：将所选圆角修改为设置的半径值。

【移除】按钮：从模型中删除所选的圆角。

（2）【现有圆角】选项组

【按大小分类】：按照大小过滤所有圆角。从其选择框中选择圆角大小以选择模型中包含该值的所有圆角，同时将它们显示在【边线、面、特征和环】选择框中。

单击【边角】标签，切换到【边角】选项卡，如图 4-8 所示。选择相应的边角面和复制目标即可。

图 4-6　【添加】选项卡

图 4-7　【更改】选项卡

图 4-8　【边角】选项卡

4.1.6　圆角特征的操作步骤

生成圆角特征的操作步骤如下。

（1）选择【插入】|【特征】|【圆角】菜单命令，系统打开【圆角】属性管理器。在【圆角类型】选项组中，选中【恒定大小圆角】单选按钮，如图 4-9 所示；在【要圆角化的项目】选项组中，单击【边线、面、特征和环】选择框，选择模型上面的 4 条边线，设置【半径】为 10mm，单击【确定】按钮，生成等半径圆角特征，如图 4-10 所示。

（2）在【圆角类型】选项组中，选中【变量大小圆角】单选按钮。在【要圆角化的项目】选项组中，单击【边线、面、特征和环】选择框，在图形区域中选择模型正面的一条边线；在【变半径参数】选项组中，单击【附加的半径】中的【P1】，设置【半径】为 30mm，单击【附加的半径】中的【P2】，设置【半径】为 20mm，再设置【实例数】为 3，如图 4-11 所示，单击【确定】按钮，生成变半径圆角特征，如图 4-12 所示。

图 4-9　选中【恒定大小圆角】单选按钮

图 4-10　生成等半径圆角特征

图 4-11　变半径圆角参数设置

图 4-12　生成变半径圆角特征

4.2　倒角特征

倒角特征是在所选边线、面或者顶点上生成倾斜角的特征。

4.2.1　倒角特征的属性设置

单击【特征】工具栏中的【倒角】按钮 或者选择【插入】|【特征】|【倒角】菜单命令，系统弹出【倒角】属性管理器，如图 4-13 所示。

图 4-13　【倒角】属性管理器

（1）　【角度距离】：以角度和距离方式确定倒角。

（2）　【距离-距离】：以距离和距离方式确定倒角。

（3）　【顶点】：选择顶点，确定倒角。

（4）　【等距面】：以等距面方式确定倒角。

（5）　【面-面】：以面和面方式确定倒角。

（6）　【边线和面或顶点】：在图形区域中选择需要倒角的实体。

（7）　【距离】：设置倒角类型参数中的 D 值。

（8）　【角度】：设置倒角类型参数中的 A 角度。

（9）　【通过面选择】：通过隐藏边线的面选择边线。

（10）【保持特征】：保留如切除或拉伸之类的特征，这些特征在生成倒角时通常被移除。

4.2.2 倒角特征的操作步骤

生成倒角特征的操作步骤如下。

（1）选择【插入】|【特征】|【倒角】菜单命令，系统打开【倒角】属性管理器。在【倒角参数】选项组中，单击【边线和面或顶点】选择框🔲，在图形区域中选择模型的左侧边线，选中【角度距离】单选按钮，设置【距离】🔧为 20mm，【角度】📐为 45 度，取消启用【保持特征】复选框，如图 4-14 所示，单击【确定】按钮✔，生成不保持特征的倒角特征，如图 4-15 所示。

（2）在【倒角参数】选项组中，启用【保持特征】复选框，单击【确定】按钮✔，生成保持特征的倒角特征，如图 4-16 所示。

图 4-14 【倒角】的属性管理器　　图 4-15 生成不保持特征的倒角特征　　图 4-16 生成保持特征的倒角特征

4.3　筋特征

筋是从开环或闭环绘制的轮廓所生成的特殊类型的拉伸特征。它在轮廓与现有零件之间添加指定方向和厚度的材料，可使用单一或多个草图生成筋，也可以用拔模生成筋特征，或者选择一个要拔模的参考轮廓。

4.3.1 筋特征的属性设置

单击【特征】工具栏中的【筋】按钮🔩或选择【插入】|【特征】|【筋】菜单命令，系统弹出【筋】属性管理器，如图 4-17 所示。

首先介绍【参数】选项组的参数设置。

（1）【厚度】：在草图边缘添加筋的厚度。

【第一边】▤：只延伸草图轮廓到草图的一边。

【两侧】▤：均匀延伸草图轮廓到草图的两边。

【第二边】▤：只延伸草图轮廓到草图的另一边。

（2）【筋厚度】：设置筋的厚度。

（3）【拉伸方向】：设置筋的拉伸方向。

【平行于草图】◈：平行于草图生成筋拉伸。

【垂直于草图】◈：垂直于草图生成筋拉伸。

选择不同选项时的效果如图 4-18 和图 4-19 所示。

（4）【反转材料方向】：更改拉伸的方向。

（5）【拔模开/关】▣：添加拔模特征到筋，可以设置【拔模角度】。

【向外拔模】（在▣【拔模开/关】被选择时可用）：生成向外拔模角度；取消启用此复选框，将生成向内拔模角度。

图 4-17 【筋】属性管理器

图 4-18 选择【平行于草图】选项　　　图 4-19 选择【垂直于草图】选项

（6）【下一参考】按钮（在【拉伸方向】中单击【平行于草图】按钮◈且【拔模开/关】▣被选择时可用）：切换草图轮廓，可以选择拔模所用的参考轮廓。

（7）【类型】（在【拉伸方向】中单击【垂直于草图】按钮◈时可用）。

【线性】：生成与草图方向相垂直的筋。

【自然】：生成沿草图轮廓延伸方向的筋。例如，如果草图为圆或者圆弧，则自然使用圆形延伸筋，直到与边界汇合。

下面介绍【所选轮廓】选项组，【所选轮廓】选项组中的参数用来列举生成筋特征的草图轮廓。

4.3.2　筋特征的操作步骤

生成筋特征的操作步骤如下。

（1）选择一个草图。

（2）选择【插入】|【特征】|【筋】菜单命令，系统弹出【筋】的属性设置。在【参数】选项组中，单击【两侧】按钮▤，设置【筋厚度】为 30mm，在【拉伸方向】中单击【平

行于草图】按钮，取消启用【反转材料方向】复选框，如图 4-20 所示。

（3）单击【确定】按钮✓，结果如图 4-21 所示。

图 4-20 【参数】选项组的参数设置

图 4-21 生成筋特征

4.4 孔特征

孔特征是在模型上生成各种类型的孔。在平面上放置孔并设置深度，可以通过标注尺寸的方法定义它的位置。

作为设计者，一般是在设计阶段临近结束时生成孔，这样可以避免因为疏忽而将材料添加到先前生成的孔内。如果准备生成不需要其他参数的孔，可以选择【简单直孔】命令；如果准备生成具有复杂轮廓的异型孔（如锥孔等），则一般会选择【异型孔向导】命令。两者相比较，【简单直孔】命令在生成不需要其他参数的孔时，可以提供比【异型孔向导】命令更优越的性能。

4.4.1 简单直孔特征的属性设置

选择【插入】|【特征】|【孔】|【简单直孔】菜单命令，系统弹出【孔】属性管理器，如图 4-22 所示。

（1）【从】选项组（如图 4-23 所示）

【草图基准面】：从草图所在的同一基准面开始生成简单直孔。

【曲面/面/基准面】：从这些实体之一开始生成简单直孔。

【顶点】：从所选择的顶点位置处开始生成简单直孔。

【等距】：从与当前草图基准面等距的基准面上生成简单直孔。

图 4-22　【从】选项组

图 4-23　【方向 1】选项组

（2）【方向 1】选项组

①【终止条件】选项如图 4-23 所示。

【给定深度】：从草图的基准面以指定的距离延伸特征。

【完全贯穿】：从草图的基准面延伸特征直到贯穿所有现有的几何体。

【成形到下一面】：从草图的基准面延伸特征到下一面（隔断整个轮廓）以生成特征。

【成形到一顶点】：从草图基准面延伸特征到某一平面，这个平面平行于草图基准面且穿越指定的顶点。

【成形到一面】：从草图的基准面延伸特征到所选的曲面以生成特征。

【到离指定面指定的距离】：从草图的基准面到某面的特定距离处生成特征。

②　↗【拉伸方向】：用于在除垂直于草图轮廓以外的其他方向拉伸孔。

③　【深度】或者【等距距离】：在设置【终止条件】为【给定深度】或者【到离指定面指定的距离】时可用（在选择【给定深度】选项时，此选项为【深度】；在选择【到离指定面指定的距离】选项时，此选项为【等距距离】）。

④　【孔直径】：设置孔的直径。

⑤　【拔模开/关】：添加拔模特征到孔，可以设置【拔模角度】。启用【向外拔模】复选框，则生成向外拔模。

4.4.2　异型孔特征的属性设置

单击【特征】工具栏中的【异型孔向导】按钮或者选择【插入】|【特征】|【孔向导】菜单命令，系统打开【孔规格】属性管理器，如图 4-24 所示。

（1）【孔规格】属性管理器包括两个选项卡

【类型】：设置异形孔类型的参数。

【位置】：在平面或者非平面上找出异型孔向导孔，使用尺寸和其他草图绘制工具定位孔中心，如图 4-25 所示。

图 4-24 【孔规格】属性管理器　　　　　图 4-25 【位置】选项卡

> 注意：
> 如果需要添加不同的孔类型，可以将其添加为单独的异型孔向导特征。

（2）【收藏】选项组

用于管理可以在模型中重新使用的常用异型孔清单，如图 4-24 所示。

【应用默认/无收藏】：重设到【没有选择最常用的】及默认设置。

【添加或更新收藏】：将所选异型孔向导孔添加到常用类型清单中。如果需要添加常用类型，单击【添加或更新收藏】按钮，打开【添加或更新收藏】对话框，输入名称，如图 4-26 所示，单击【确定】按钮。

图 4-26 【添加或更新收藏】对话框

如果需要更新常用类型，单击【添加或更新收藏】按钮，打开【添加或更新收藏】对话框，输入新的或者现有名称。

【删除收藏】：删除所选的收藏。

【保存收藏】：保存所选的收藏。

【装入收藏】：载入收藏。

（3）【孔类型】选项组

【孔类型】选项组会根据选择的孔类型而有所不同，孔类型包括【柱形沉头孔】、【锥形沉头孔】、【孔】、【直螺纹孔】、【锥形螺纹孔】、【旧制孔】、【柱孔槽口】、【锥孔槽口】、【槽口】。

【标准】：选择孔的标准，如【Ansi Metric】、【JIS】等。

【类型】：选择孔的类型，其选项如图 4-27 所示。

（4）【孔规格】选项组

【大小】：为螺纹孔选择尺寸大小。

【配合】（在单击【柱形沉头孔】和【锥形沉头孔】按钮时可用）：为扣件选择配合形式，其选项如图 4-28 所示。

4-27　【孔类型】选项组　　　　　　　　图 4-28　【配合】选项

（5）【终止条件】选项组

【终止条件】选项组中的参数根据孔类型的变化而有所不同，下拉选项如图 4-29 所示。

【盲孔深度】（在设置【终止条件】为【给定深度】时可用）：设定孔的深度。对于【螺纹孔】类型，可以设置螺纹线的【螺纹线类型】和【螺纹线深度】；对于【直管螺纹孔】类型，可以设置【螺纹线深度】。

【面/曲面/基准面】（在设置【终止条件】为【成形到一顶点】时可用）：将孔特征延伸到选择的顶点处。

【面/曲面/基准面】（在设置【终止条件】为【成形到一面】或者【到离指定面指定的距离】时可用）：将孔特征延伸到选择的面、曲面或者基准面处。

【等距距离】（在设置【终止条件】为【到离指定面指定的距离】时可用）：将孔特征延伸到从所选面、曲面或者基准面设置等距距离的平面处。

（6）【选项】选项组

【选项】选项组如图 4-30 所示，包括【带螺纹标注】、【螺纹线等级】、【近端锥孔】、【近端锥形沉头孔直径】、【近端锥形沉头孔角度】等选项，选项根据孔类型的不同而发生变化。

（7）【公差/精度】选项组

【公差/精度】选项组如图 4-30 所示，设置公差标注值类型和精度位数。

图 4-29 【终止条件】选项组

图 4-30 【选项】和【公差/精度】选项组

4.4.3 孔特征的操作步骤

生成孔特征的操作步骤如下。

（1）选择【插入】|【特征】|【孔】|【简单直孔】菜单命令，系统弹出【孔】属性管理器。在【从】选项组中，选择【草图基准面】选项，如图 4-31 所示；在【方向 1】选项组中，设置【终止条件】为【给定深度】，【深度】为 10mm，【孔直径】为 30mm，单击【确定】按钮 ✓ ，生成的简单直孔如图 4-32 所示。

图 4-31 简单直孔的参数设置

图 4-32 生成简单直孔特征

（2）选择【插入】|【特征】|【孔】|【向导】菜单命令，系统打开【孔规格】属性管理器。切换到【类型】选项卡，在【孔类型】选项组中，单击【锥形沉头孔】按钮，设置【标准】为【GB】，【类型】为【内六角花形半沉头螺钉】，【大小】为【M6】，【配合】为【正常】如图 4-33 所示；切换到【位置】选项卡，在图形区域中定义点的位置，单击【确定】按钮，创建的异型孔如图 4-34 所示。

图 4-33　异型孔的参数设置

图 4-34　生成异型孔特征

4.5　抽壳特征

抽壳特征可以掏空零件，使所选择的面敞开，在其他面上生成薄壁特征。如果没有选择模型上的任何面，则掏空实体零件，生成闭合的抽壳特征，也可以使用多个厚度以生成抽壳模型。

4.5.1　抽壳特征的属性设置

选择【插入】|【特征】|【抽壳】菜单命令或者单击【特征】工具栏中的【抽壳】按钮，系统弹出【抽壳】属性管理器，如图 4-35 所示。

图 4-35 【抽壳】属性管理器

（1）【参数】选项组

【厚度】：设置保留面的厚度。

【移除的面】：在图形区域中可以选择一个或者多个面。

【壳厚朝外】：增加模型的外部尺寸。

【显示预览】：显示抽壳特征的预览。

（2）【多厚度设定】选项组

【多厚度面】：在图形区域中选择一个面，为所选面设置【多厚度】数值。

4.5.2 抽壳特征的操作步骤

生成抽壳特征的操作步骤如下。

（1）选择【插入】|【特征】|【抽壳】菜单命令，系统弹出【抽壳】属性管理器。在【参数】选项组中，设置【厚度】为 1mm，单击【移除的面】选择框，在图形区域中选择模型的上表面，如图 4-36 所示，单击【确定】按钮，生成抽壳特征，如图 4-37 所示。

图 4-36 【抽壳】的属性管理器

图 4-37 生成抽壳特征

（2）在【多厚度设定】选项组中，单击【多厚度面】选择框，选择模型的下表面和左侧面，设置【多厚度】为 4mm，如图 4-38 所示，单击【确定】按钮，生成多厚度抽壳特征，如图 4-39 所示。

图 4-38 【多厚度设定】选项组的参数设置

图 4-39 生成多厚度抽壳特征

4.6 设计范例

4.6.1 绘制机箱范例

扫码看视频

> 本节范例文件：范例文件/第 4 章/4-1.SLDPRT
>
> 多媒体教学路径：多媒体教学→第 4 章→4.6.1 范例

 范例分析

本范例是创建一个主机箱零件，使用拉伸命令创建基体特征，之后进行抽壳操作，接下来创建阵列和孔特征，完成模型的创建。

 范例操作

Step1 创建草绘图形

① 单击【草图】工具栏中的【草图绘制】按钮 ，选择上视基准面，进行草图绘制，如图 4-40 所示。

② 在上视基准面上绘制矩形草图。

Step2 创建拉伸特征

① 单击【特征】工具栏中的【拉伸凸台/基体】按钮 ，设置拉伸特征参数，如图 4-41 所示。

② 对上一步绘制的草图进行拉伸操作，形成主机箱体。

图 4-40　绘制矩形

图 4-41　拉伸机箱体

Step3 创建抽壳特征

① 单击【特征】工具栏中的【抽壳】按钮，设置抽壳特征参数，如图 4-42 所示。

② 在模型中创建抽壳特征。

图 4-42　创建抽壳特征

Step4 绘制矩形草图

在机箱前端再次绘制矩形草图，如图 4-43 所示。

Step5 创建拉伸切除特征

①单击【特征】工具栏中的【拉伸切除】按钮 [图]，设置拉伸切除特征的参数，如图 4-44 所示。

②在机箱上创建出拉伸切除特征，作为前面板。

图 4-43　绘制矩形

图 4-44　创建拉伸切除特征

Step6 绘制圆形草图

在主机箱前端绘制圆形草图，如图 4-45 所示。

Step7 创建拉伸特征

①单击【特征】工具栏中的【拉伸凸台/基体】按钮 [图]，设置拉伸特征参数，如图 4-46 所示。

②对上一步绘制的草图进行拉伸凸台操作，形成开机按钮。

图 4-45　绘制圆形

图 4-46　拉伸凸台

Step8 绘制圆形

再次在机箱侧面绘制圆形草图，如图 4-47 所示。

图 4-47　再次绘制圆形

Step9 再次创建拉伸切除特征

①单击【特征】工具栏中的【拉伸切除】按钮 📄 ，设置拉伸切除特征的参数，如图 4-48 所示。

②在机箱侧面创建出拉伸切除特征，作为散热孔。

图 4-48　创建拉伸切除特征

Step10 创建线性阵列特征

①单击【特征】工具栏中的【线性阵列】按钮 ，设置线性阵列特征的参数，如图 4-49 所示。

②在机箱侧面阵列出多个散热孔的模型。

Step11 创建孔特征

①单击【特征】工具栏中的【异型孔向导】按钮 ，设置孔特征的参数，如图 4-50 所示。

②在机箱上部制作出异型孔。至此完成机箱模型的创建，结果如图 4-51 所示。

图 4-49　创建阵列特征

图 4-50　创建孔

图 4-51　主机箱模型

扫码看视频

4.6.2　绘制缸体范例

 本节范例文件：范例文件/第 4 章/4-2.SLDPRT

 多媒体教学路径：多媒体教学→第 4 章→4.6.2 范例

范例分析

本范例是创建一个缸体模型，首先创建拉伸特征作为缸体主体，之后使用圆角进行修饰，并创建上部凸台，接下来使用抽壳命令创建中空部分，最后进行倒角。

范例操作

Step1 创建草绘图形

① 单击【草图】工具栏中的【草图绘制】按钮□，选择上视基准面，进行草图绘制，如图 4-52 所示。

② 在上视基准面上绘制矩形草图。

图 4-52　绘制矩形

Step2 创建拉伸特征

① 单击【特征】工具栏中的【拉伸凸台/基体】按钮，设置拉伸特征参数，如图 4-53 所示。

② 对上一步绘制的草图进行拉伸操作，形成缸体主体。

图 4-53　拉伸缸体主体

Step3 创建拔模特征

① 单击【特征】工具栏中的【拔模】按钮![icon]，设置拔模特征参数，如图 4-54 所示。

② 对缸体主体上表面进行拔模操作。

图 4-54　创建拔模特征

Step4 创建竖向圆角特征

① 单击【特征】工具栏中的【圆角】按钮![icon]，设置圆角特征参数，如图 4-55 所示。

② 对缸体主体侧面的竖向边线进行圆角操作。

图 4-55　创建竖向圆角

Step5 创建横向圆角特征

① 单击【特征】工具栏中的【圆角】按钮![icon]，设置圆角特征参数，如图 4-56 所示。

② 对缸体主体上面的横向边线进行圆角操作。

图 4-56　创建横向圆角

图 4-57　绘制圆形

Step6 绘制圆形草图

在上视基准面上绘制圆形草图，如图 4-57 所示。

Step7 拉伸圆形凸台

①单击【特征】工具栏中的【拉伸凸台/基体】按钮 ，设置拉伸特征参数，如图 4-58 所示。

②对上一步绘制的草图进行拉伸操作，形成圆形凸台。

图 4-58　拉伸圆形凸台

Step8 创建抽壳特征

①单击【特征】工具栏中的【抽壳】按钮 ，设置抽壳特征参数，如图 4-59 所示。

② 在模型中创建抽壳特征。

图 4-59　创建抽壳特征

Step9 创建倒角特征

① 单击【特征】工具栏中的【倒角】按钮 ，设置倒角特征参数，如图 4-60 所示。

② 对模型上部进行倒角操作。至此完成缸体的模型创建，结果如图 4-61 所示。

图 4-60　创建倒角　　　　　　　　　　　　　　图 4-61　缸体模型

4.7　本章小结

　　本章主要介绍了 SOLIDWORKS 2021 实体附加特征的各种创建方法，其中包括圆角、倒角、筋、孔和抽壳这五类特征命令，其中筋特征需要绘制截面草图，孔特征需要确定位置参数，读者可以通过范例进行学习。

第 5 章

零件形变特征

本·章·导·读

　　零件形变特征可以改变复杂曲面和实体模型的局部或整体形状，无须考虑生成模型的草图或者特征约束，其特征包括弯曲特征、压凹特征、变形特征、拔模特征和圆顶特征等。本章将主要介绍这五种零件形变特征的属性设置和创建步骤。

5.1　压凹特征

　　压凹特征是利用厚度和间隙生成的特征，其应用包括封装、冲印、铸模及机器的压入配合等。根据所选实体类型，指定目标实体和工具实体之间的间隙数值，并为压凹特征指定厚度数值。压凹特征可以变形或从目标实体中切除某个部分。

　　压凹特征以工具实体的形状，在目标实体中生成袋套或突起，因此在最终实体中比在原始实体中显示更多的面、边线和顶点。其注意事项如下。

　　（1）目标实体和工具实体必须有一个为实体。

　　（2）如果要生成压凹特征，目标实体必须与工具实体接触，或间隙值必须允许穿越目标实体的突起。

　　（3）如果要生成切除特征，目标实体和工具实体不必相互接触，但间隙值必须大到足够生成与目标实体的交叉。

　　（4）如果需要以曲面工具实体压凹（或者切除）实体，曲面必须与实体完全相交。

　　（5）唯一不允许的压凹组合是：曲面目标实体和曲面工具实体。

5.1.1　压凹特征属性设置

　　选择【插入】|【特征】|【压凹】菜单命令，系统弹出【压凹】属性管理器，如图 5-1 所示。

（1）【选择】选项组

【目标实体】：选择要压凹的实体或曲面实体。

【工具实体区域】：选择一个或多个实体（或者曲面实体）。

【保留选择】、【移除选择】：选择要保留或移除的模型边界。

【切除】：启用此复选框，则移除目标实体的交叉区域，无论是实体还是曲面，即使没有厚度也会存在间隙。

（2）【参数】选项组

【厚度】（仅限实体）：确定压凹特征的厚度。

【间隙】：确定目标实体和工具实体之间的间隙。如果有必要，单击【反向】按钮。

5.1.2　压凹特征创建步骤

图 5-1　【压凹】属性管理器

选择【插入】|【特征】|【压凹】菜单命令，系统打开【压凹】属性管理器。在【选择】选项组中，单击【目标实体】选择框，在图形区域中选择模型实体；单击【工具实体区域】选择框，选择模型中拉伸特征的下表面；启用【切除】复选框；在【参数】选项组中，设置【间隙】为 2mm，如图 5-2 所示；在图形区域中显示预览，单击【确定】按钮，生成压凹特征，如图 5-3 所示。

图 5-2　【压凹】属性设置

图 5-3　生成压凹特征

5.2　弯曲特征

弯曲特征以直观的方式对复杂的模型进行变形。弯曲特征包括 4 个选项：折弯、扭曲、锥削和伸展。

5.2.1 折弯特征属性设置

围绕三重轴中的红色 X 轴（即折弯轴）折弯一个或者多个实体，可以重新定位三重轴的位置和剪裁基准面，控制折弯的角度、位置和界限以改变折弯形状。

选择【插入】|【特征】|【弯曲】菜单命令，系统弹出【弯曲】属性管理器。在【弯曲输入】选项组中，选中【折弯】单选按钮，属性设置如图 5-4 所示。

（1）【弯曲输入】选项组

【粗硬边线】：生成如圆锥面、圆柱面及平面等的分析曲面，通常会形成剪裁基准面与实体相交的分割面。如果取消选择此项，则结果将基于样条曲线，曲面和平面会因此显得更光滑，而原有面保持不变。

【角度】 ：设置折弯角度，需要配合折弯半径。

【半径】 ：设置折弯半径。

（2）【剪裁基准面 1】选项组

【为剪裁基准面 1 选择一参考实体】 ：将剪裁基准面 1 的原点锁定到所选模型上的点。

【基准面 1 剪裁距离】 ：从实体的外部界限沿三重轴的剪裁基准面轴（蓝色 Z 轴）移动到剪裁基准面上的距离。

（3）【剪裁基准面 2】选项组

【剪裁基准面 2】选项组的属性设置与【剪裁基准面 1】选项组基本相同，在此不做赘述。

（4）【三重轴】选项组

使用这些参数来设置三重轴的位置和方向。

图 5-4 选中【折弯】单选按钮后的属性设置

【为枢轴三重轴参考选择一坐标系特征】 ：将三重轴的位置和方向锁定到坐标系上。

> **注意：**
> 必须添加坐标系特征到模型上，才能使用此选项。

【X 旋转原点】 、【Y 旋转原点】 、【Z 旋转原点】 ：沿指定轴移动三重轴位置（相对于三重轴的默认位置）。

【X 旋转角度】 、【Y 旋转角度】 、【Z 旋转角度】 ：围绕指定轴旋转三重轴（相对于三重轴自身），此角度表示围绕零部件坐标系的旋转角度，且按照 Z、Y、X 顺序进行旋转。

（5）【弯曲选项】选项组

【弯曲精度】 ：控制曲面品质，提高品质还会提高弯曲特征的成功率。

5.2.1　扭曲、锥削和伸展特征属性设置

下面分别介绍一下扭曲、锥削和伸展特征的属性设置方法。

（1）扭曲

扭曲特征是通过定位三重轴和剪裁基准面，控制扭曲的角度、位置和界限，使特征围绕三重轴的蓝色 Z 轴扭曲。

选择【插入】|【特征】|【弯曲】菜单命令，系统打开【弯曲】属性管理器。在【弯曲输入】选项组中，选中【扭曲】单选按钮，如图 5-5 所示。这里主要介绍【角度】参数设置，其他选项组的属性设置与折弯特征类似，在此不再赘述。

【角度】：主要是设置扭曲的角度。

（2）锥削

锥削特征是通过定位三重轴和剪裁基准面，控制锥削的角度、位置和界限，使特征按照三重轴的蓝色 Z 轴方向进行锥削。

选择【插入】|【特征】|【弯曲】菜单命令，系统弹出【弯曲】属性管理器。在【弯曲输入】选项组中，选中【锥削】单选按钮，如图 5-6 所示。这里主要介绍【锥剃因子】参数设置，其他选项组的属性设置不再赘述。

【锥剃因子】：设置锥削量。调整锥剃因子时，剪裁基准面不移动。

（3）伸展

伸展特征是通过指定距离或使用鼠标左键拖动剪裁基准面的边线，使特征按照三重轴的蓝色 Z 轴方向进行伸展。

选择【插入】|【特征】|【弯曲】菜单命令，系统打开【弯曲】属性管理器。在【弯曲输入】选项组中，选中【伸展】单选按钮，如图 5-7 所示。这里主要介绍【伸展距离】参数设置，其他选项组的属性设置不再赘述。

【伸展距离】：设置伸展量。

图 5-5　选中【扭曲】单选按钮　　图 5-6　选中【锥削】单选按钮　　图 5-7　选中【伸展】单选按钮

5.2.3 弯曲特征创建步骤

下面分别介绍几种弯曲特征的创建步骤。

（1）折弯

选择【插入】|【特征】|【弯曲】菜单命令，系统弹出【弯曲】属性管理器。在【弯曲输入】选项组中，选中【折弯】单选按钮；单击 📎【弯曲的实体】选择框，在图形区域中选择所有拉伸特征；设置【角度】 📐 为 90 度，【半径】 📐 为 132.86mm；单击【确定】按钮 ✅，生成折弯弯曲特征，如图 5-8 所示。

（2）扭曲

选择【插入】|【特征】|【弯曲】菜单命令，系统打开【弯曲】属性管理器。在【弯曲输入】选项组中，选中【扭曲】单选按钮；单击 📎【弯曲的实体】选择框，在图形区域中选择所有拉伸特征；设置【角度】 📐 为 90 度，单击【确定】按钮 ✅，生成扭曲弯曲特征，如图 5-9 所示。

图 5-8　生成折弯弯曲特征

图 5-9　生成扭曲特征

（3）锥削

选择【插入】|【特征】|【弯曲】菜单命令，系统弹出【弯曲】属性管理器。在【弯曲输入】选项组中，选中【锥削】单选按钮；单击 📎【弯曲的实体】选择框，在图形区域中选择所有拉伸特征；设置【锥剃因子】 🔧 为 1.5，单击【确定】按钮 ✅，生成锥削弯曲特征，如图 5-10 所示。

（4）伸展

选择【插入】|【特征】|【弯曲】菜单命令，系统弹出【弯曲】属性管理器。在【弯曲输入】选项组中，选中【伸展】单选按钮；单击 📎【弯曲的实体】选择框，在图形区域中选择所有拉伸特征；设置【伸展距离】 🔧 为 100mm，单击【确定】按钮 ✅，生成伸展弯曲特征，如图 5-11 所示。

图 5-10　生成锥削弯曲特征

图 5-11　生成伸展弯曲特征

5.3　变形特征

变形特征是改变复杂曲面和实体模型的局部或者整体形状，无须考虑用于生成模型的草图或者特征约束。变形特征提供一种简单的方法虚拟改变模型，在生成设计概念或者对复杂模型进行几何修改时很有用，因为使用传统的草图、特征或者历史记录编辑需要花费很长的时间。变形有 3 种类型，包括【点】、【曲线到曲线】和【曲面推进】。

5.3.1　【点】变形特征属性设置

点变形是改变复杂形状的最简单的方法。选择模型面、曲面、边线、顶点上的点，或者选择空间中的点，然后设置用于控制变形的距离和球形半径数值。

选择【插入】|【特征】|【变形】菜单命令，系统弹出【变形】属性管理器，如图 5-12 所示。

（1）【变形点】选项组

【变形点】 ：设置变形的中心，可以选择平面、边线、顶点上的点或者空间中的点。

【变形方向】：选择线性边线、草图直线、平面、基准面或者两个点作为变形方向。

【变形距离】 ：指定变形的距离（即点位移）。

【显示预览】：使用线框视图（在取消启用【显示预览】复选框时）或者上色视图（在启用【显示预览】复选框时）预览结果。如果需要提高使用大型复杂模型的性能，在做了所有选择之后才启用该复选框。

（2）【变形区域】选项组

【变形半径】 ：更改通过变形点的球状半径数值，变形区域的选择不会影响变形半径的数值。

【变形区域】：启用该复选框，可以激活 【固定曲线/边线/面】和 【要变形的其他面】选择框，如图 5-13 所示。

【要变形的实体】 ：在使用空间中的点时，允许选择多个实体或者一个实体。

（3）【形状选项】选项组

【变形轴】 （在取消启用【变形区域】复选框时可用）：通过生成平行于一条线性边线或者草图直线、垂直于一个平面或者基准面、沿着两个点或者顶点的折弯轴以控制变形形状。此选项使用【变形半径】数值 生成类似于折弯的变形。

【刚度】按钮：控制变形过程中变形形状的刚性。可以将刚度层次与其他选项（如【变形轴】等）结合使用。刚度有 3 种层次，即【刚度－最小】 、【刚度－中等】 、【刚度－最大】 。

【形状精度】 ：控制曲面品质。默认品质在高曲率区域中可能有所不足，当移动滑杆到右侧提高精度时，可以增加变形特征的成功率。

图 5-12　选中【点】单选按钮后的属性设置　　　　图 5-13　启用【变形区域】复选框后

5.3.2 【曲线到曲线】变形特征属性设置

曲线到曲线变形是改变复杂形状更为精确的方法。通过将几何体从初始曲线（可以是曲线、边线、剖面曲线以及草图曲线组等）映射到目标曲线组而完成。

选择【插入】|【特征】|【变形】菜单命令，系统弹出【变形】属性管理器。在【变形类型】选项组中，选中【曲线到曲线】单选按钮，其属性设置如图 5-14 所示。

（1）【变形曲线】选项组

【初始曲线】 ：设置变形特征的初始曲线。选择一条或者多条连接的曲线（或者边线）作为 1 组，可以是单一曲线、相邻边线或者曲线组。

【目标曲线】 ：设置变形特征的目标曲线。选择一条或者多条连接的曲线（或者边线）作为 1 组，可以是单一曲线、相邻边线或者曲线组。

【组[n]】（n 为组的标号）：允许添加、删除以及循环选择组以进行修改。曲线可以是模型的一部分（如边线、剖面曲线等）或者单独的草图。

【显示预览】：使用线框视图或者上色视图预览结果。如果要提高使用大型复杂模型的性能，在做了所有选择之后才启用该复选框。

（2）【变形区域】选项组

【固定的边线】：防止所选曲线、边线或者面被移动。在图形区域中选择要变形的固定边线和额外面，如果取消启用该复选框，则只能选择实体。

【统一】：尝试在变形操作过程中保持原始形状的特性，可以帮助还原曲线到曲线的变形操作，生成尖锐的形状。

【固定曲线/边线/面】：防止所选曲线、边线或者面被变形和移动。

【要变形的其他面】：允许添加要变形的特定面，如果未选择任何面，则整个实体将会受影响。

【要变形的实体】：如果【初始曲线】不是实体面或者曲面中草图曲线的一部分，或者要变形多个实体，则启用该复选框。

（3）【形状选项】选项组（如图 5-15 所示）

【刚度】按钮、、：控制变形过程中变形形状的刚性。

【形状精度】：控制曲面品质。默认品质在高曲率区域中可能有所不足，当移动滑杆到右侧提高精度时，可以增加变形特征的成功率。

【重量】（在启用【固定的边线】复选框和取消启用【统一】复选框时可用）：控制下面两个的影响系数。

【匹配】：允许应用这些条件，将变形曲面或者面匹配到目标曲面或者面边线。

图 5-14 选中【曲线到曲线】单选按钮后的属性设置

图 5-15 【形状选项】选项组

5.3.3 【曲面推进】变形特征属性设置

曲面推进变形通过使用工具实体的曲面，推进目标实体的曲面以改变其形状。目标实体曲面近似于工具实体曲面，但在变形前后每个目标曲面之间保持一对一的对应关系。可以选择自定义的工具实体（如多边形或者球面等），也可以使用自己的工具实体。在图形区域中使用三重轴标注可以调整工具实体的大小，拖动三重轴或者在【特征管理器设计树】中进行设置可以控制工具实体的移动。

选择【插入】|【特征】|【变形】菜单命令，系统弹出【变形】属性管理器。在【变形类型】选项组中，选中【曲面推进】单选按钮，其属性设置如图 5-16 所示。

（1）【推进方向】选项组

【变形方向】：设置推进变形的方向，可以选择一条草图直线或者直线边线、一个平面或者基准面、两个点或者顶点。

【显示预览】：使用线框视图或者上色视图预览结果，如果需要提高使用大型复杂模型的性能，在做了所有选择之后才启用该复选框。

（2）【变形区域】选项组

【要变形的其他面】：允许添加要变形的特定面，仅变形所选面；如果未选择任何面，则整个实体将会受影响。

【要变形的实体】：即目标实体，决定要被工具实体变形的实体。无论工具实体在何处与目标实体相交，或者在何处生成相对位移（当工具实体不与目标实体相交时），整个实体都会受影响。

【要推进的工具实体】：设置对【要变形的实体】进行变形的工具实体。使用图形区域中的标注设置工具实体的大小。如果要使用已生成的工具实体，从其选项中启用【选择实体】复选框，然后在图形区域中选择工具实体。【要推进的工具实体】的下拉选项如图 5-17 所示。

【变形误差】：为工具实体与目标面或者实体的相交处指定圆角半径数值。

图 5-16　选中【曲面推进】单选按钮后的属性设置

图 5-17　【要推进的工具实体】下拉选项

（3）【工具实体位置】选项组

以下选项允许通过输入正确的数值重新定位工具实体。此方法比使用三重轴更精确。

【Delta X】▲x、【Delta Y】▲Y、【Delta Z】▲z：沿 X、Y、Z 轴移动工具实体的距离。

【X 旋转角度】 、【Y 旋转角度】 、【Z 旋转角度】 ：围绕 X、Y、Z 轴以及旋转原点旋转工具实体的旋转角度。

【X 旋转原点】 C_x 、【Y 旋转原点】 C_y 、【Z 旋转原点】 C_z ：定位由图形区域中三重轴表示的旋转中心。

5.3.4　变形特征创建步骤

生成变形特征的操作步骤如下。

（1）选择【插入】|【特征】|【变形】菜单命令，系统弹出【变形】属性管理器。在【变形类型】选项组中，选中【点】单选按钮；在【变形点】选项组中，单击【变形点】选择框 ，在图形区域中选择模型的一个角端点；设置【变形距离】 为 50mm；在【变形区域】选项组中，设置【变形半径】 为 100mm 如图 5-18 所示；在【形状选项】选项组中，单击【刚度－最小】按钮 ，然后单击【确定】按钮 ，生成最小刚度变形特征，如图 5-19所示。

图 5-18　【变形】的属性设置

图 5-19　生成最小刚度变形特征

（2）在【形状选项】选项组中，单击【刚度-中等】按钮 ，单击【确定】按钮 ，生成中等刚度变形特征，如图 5-20 所示。

（3）在【形状选项】选项组中，单击【刚度-最大】按钮◠，单击【确定】按钮✔️，生成最大刚度变形特征，如图 5-21 所示。

图 5-20　生成中等刚度变形特征　　　　　　图 5-21　生成最大刚度变形特征

5.4　拔模特征

拔模特征是在指定的角度下切削模型中所选的面，使型腔零件更容易脱出模具，可以在现有的零件中插入拔模，或者在进行拉伸特征时拔模，也可以将拔模应用到实体或者曲面模型中。拔模类型主要包括【中性面】、【分型线】、【阶梯拔模】和【DraftXpert】模式。

5.4.1　【中性面】拔模特征属性设置

选择【插入】|【特征】|【拔模】菜单命令，系统弹出【拔模】属性管理器。在【拔模类型】选项组中，选中【中性面】单选按钮，如图 5-22 所示。

（1）【拔模角度】选项组

【拔模角度】⍩：垂直于中性面进行测量的角度。

（2）【中性面】选项组

【中性面】：选择一个面或者基准面。如果有必要，单击【反向】按钮⤢向相反的方向倾斜拔模。

（3）【拔模面】选项组

【拔模面】🔲：在图形区域中选择要拔模的面。

【拔模沿面延伸】：可以将拔模延伸到额外的面。

5.4.2　【分型线】拔模特征属性设置

选中【分型线】单选按钮，可以对分型线周围的曲面进行拔模。如果要在分型线上拔模，可以先插入一条分割线以分离要拔模的面，或者使用现有的模型

图 5-22　【拔模】属性
管理器

边线，然后再指定拔模方向。可以使用拔模分析工具检查模型上的拔模角度，拔模分析根据所指定的角度和拔模方向生成模型颜色编码的渲染。

> **注意：**
> 使用分型线拔模时，可以包括阶梯拔模。

选择【插入】|【特征】|【拔模】菜单命令，系统弹出【拔模】属性管理器。在【拔模类型】选项组中，选中【分型线】单选按钮，如图 5-23 所示。

图 5-23　选择【分型线】选项

（1）【允许减少角度】参数

该参数只可用于分型线拔模。在由最大角度所生成的角度总和与拔模角度为 90° 或者以上时允许生成拔模。

> **注意：**
> 在同被拔模的边线和面相邻的一个或者多个边或者面的法线与拔模方向几乎垂直时，可以启用【允许减少角度】复选框。当启用该复选框时，拔模面有些部分的拔模角度可能比指定的拔模角度要小。

（2）【拔模方向】选项组

【拔模方向】：在图形区域中选择一条边线或者一个面指示拔模的方向。如果有必要，单击【反向】按钮以改变拔模的方向。

（3）【分型线】选项组

【分型线】：在图形区域中选择分型线。如果要为分型线的每一条线段指定不同的拔模方向，单击选择框中的边线名称，然后单击【其它面】按钮。

【拔模沿面延伸】：可以将拔模延伸到额外的面。

5.4.3 【阶梯拔模】特征属性设置

阶梯拔模为分型线拔模的变体，阶梯拔模适用于为拔模方向的基准面旋转而生成某个面。

选择【插入】|【特征】|【拔模】菜单命令，系统弹出【拔模】属性管理器。在【拔模类型】选项组中，选中【阶梯拔模】单选按钮，如图 5-24 所示。【阶梯拔模】的属性设置与【分型线】基本相同，在此不做赘述。

图 5-24 选择【阶梯拔模】选项

5.4.4 【DraftXpert】模式拔模特征属性设置

在【DraftXpert】模式中，可以生成多个拔模、执行拔模分析、编辑拔模以及自动调用 FeatureXpert 以求解初始没有进入模型的拔模特征。选择【插入】|【特征】|【拔模】菜单命令，系统弹出【拔模】属性管理器。在【DraftXpert】模式中，切换到【添加】选项卡，如图 5-25 所示。

（1）【要拔模的项目】选项组

【拔模角度】 ：设置拔模角度（垂直于中性面进行测量）。

【中性面】：选择一个平面或者基准面。如果有必要，单击【反向】按钮，向相反的方向倾斜拔模。

【拔模面】 ：在图形区域中选择要拔模的面。

（2）【拔模分析】选项组

【自动涂刷】：选择模型的拔模分析。

【颜色轮廓映射】：通过颜色和数值显示模型中拔模的范围以及【正拔模】和【负拔模】
的面数。

在【DraftXpert】模式中，切换到【更改】选项卡，如图 5-26 所示。

图 5-25　【添加】选项卡

图 5-26　【更改】选项卡

（3）【要更改的拔模】选项组

【拔模面】　：在图形区域中，选择包含要更改或者删除的拔模的面。

【中性面】：选择一个平面或者基准面。如果有必要，单击【反向】按钮　，向相反的
方向倾斜拔模。如果只更改【拔模角度】　，则无需选择中性面。

【拔模角度】　：设置拔模角度（垂直于中性面进行测量）。

（4）【现有拔模】选项组

【分排列表方式】：按照【角度】、【中性面】或者【拔模方向】过滤所有拔模，可以根
据需要更改或者删除拔模。

（5）【拔模分析】选择组

【拔模分析】选择组的属性设置与【添加】选项卡中基本相同，在此不做赘述。

5.4.5　拔模特征创建步骤

选择【插入】|【特征】|【拔模】菜单命令，系统弹出【拔模】属性管理器。在【拔模

类型】选项组中，选中【中性面】单选按钮；在【拔模角度】选项组中，设置【拔模角度】为 3 度；在【中性面】选项组中，单击【中性面】选择框，选择模型小圆柱体的上表面；在【拔模面】选项组中，单击【拔模面】选择框，选择模型小圆柱体的圆柱面，如图 5-27 所示，单击【确定】按钮，生成拔模特征，如图 5-28 所示。

图 5-27 【拔模】的属性设置

图 5-28 生成拔模特征

5.5 圆顶特征

圆顶特征可以在同一模型上同时生成一个或者多个圆顶。

5.5.1 圆顶特征属性设置

图 5-29 【圆顶】属性管理器

选择【插入】|【特征】|【圆顶】菜单命令，系统弹出【圆顶】属性管理器，如图 5-29 所示。

（1）【到圆顶的面】：选择一个或者多个平面或者非平面。

（2）【距离】：设置圆顶扩展的距离。

（3）【反向】：单击该按钮，可以生成凹陷圆顶（默认为凸起）。

（4）【约束点或草图】：选择一个点或者草图，通过对其形状进行约束以控制圆顶。当使用一个草图为约束时，【距离】数值框不可用。

（5）【方向】：从图形区域选择方向向量以垂直于面以外的方向拉伸圆顶，可以使用线性边线或者由两个草图点所生成的向量作为方向向量。

5.5.2　圆顶特征创建步骤

选择【插入】|【特征】|【圆顶】菜单命令，系统弹出【圆顶】属性管理器，如图 5-30 所示。在【参数】选项组中，单击【到圆顶的面】选择框📦，在图形区域中选择模型的上表面；设置【距离】为 10mm，单击【确定】按钮☑，生成圆顶特征，如图 5-31 所示。

图 5-30　【圆顶】属性管理器

图 5-31　生成圆顶特征

5.6　设计范例

5.6.1　绘制板尺范例

扫码看视频

> 📀 **本节范例文件**：范例文件/第 5 章/5-1.SLDPRT
>
> 🎥 **多媒体教学路径**：多媒体教学→第 5 章→5.6.1 范例

 范例分析

本范例是创建一个板尺的模型，首先使用拉伸命令创建板尺特征，之后创建文字并拉伸，使用它创建压凹特征。

 范例操作

Step1 创建草绘图形

①单击【草图】工具栏中的【草图绘制】按钮⬜，选择上视基准面，进行草图绘制，

如图 5-32 所示。

②在上视基准面上绘制矩形草图。

Step2 绘制圆形

继续绘制圆形，完成草图，如图 5-33 所示。

图 5-32　绘制矩形　　　　　　　　　　　图 5-33　绘制圆形

Step3 创建拉伸特征

①单击【特征】工具栏中的【拉伸凸台/基体】按钮■，设置拉伸特征参数，如图 5-34 所示。

②对上一步绘制的草图进行拉伸操作，形成板尺主体。

Step4 绘制直线

进入草绘，单击【草图】工具栏中的【直线】按钮／，绘制直线，如图 5-35 所示。

图 5-34　拉伸板尺主体　　　　　　　　　　图 5-35　绘制直线图形

Step5 创建线性阵列特征

①单击【特征】工具栏中的【线性阵列】按钮■，设置线性阵列特征的参数，如图 5-36 所示。

②创建出多个直线的阵列图形。

图 5-36　创建线性阵列

Step6 添加文字

① 单击【草图】工具栏中的【文本】按钮Ａ，设置文字的参数，如图 5-37 所示。

② 在板尺主体上添加文字内容。

图 5-37　添加草图文字

Step7 创建拉伸特征

① 单击【特征】工具栏中的【拉伸凸台/基体】按钮，设置拉伸特征参数，如图 5-38 所示。

② 对文字进行拉伸操作。

Step8 创建压凹特征

① 选择【插入】|【特征】|【压凹】菜单命令，在【压凹】属性管理器中设置参数，

如图 5-39 所示。

图 5-38　拉伸文字

图 5-39　创建压凹特征

②为文字模型创建压凹特征。至此完成板尺模型范例的创建，结果如图 5-40 所示。

图 5-40　板尺模型

5.6.2 绘制头盔范例

 本节范例文件：范例文件/第 5 章/5-2.SLDPRT

 多媒体教学路径：多媒体教学→第 5 章→5.6.2 范例

 范例分析

本范例是创建一个头盔的模型，首先使用旋转命令和拉伸切除创建头盔主体，再使用抽壳命令创建头盔壳体，最后使用弯曲和圆角命令，创建头盔的细节特征。

范例操作

扫码看视频

Step1 创建草绘图形

① 单击【草图】工具栏中的【草图绘制】按钮 ，选择前视基准面，进行草图绘制，如图 5-41 所示。

② 在上视基准面上绘制半圆形草图。

Step2 创建旋转特征

① 单击【特征】工具栏中的【旋转凸台/基体】按钮 ，设置旋转参数，如图 5-42 所示。

② 创建旋转凸台特征。

图 5-41 绘制半圆形

图 5-42 旋转凸台

Step3 绘制矩形

在前视基准面绘制矩形草图，如图 5-43 所示。

Step4 创建拉伸切除特征

① 单击【特征】工具栏中的【拉伸切除】按钮 ▣ ，设置拉伸切除特征参数，如图 5-44 所示。

② 创建拉伸切除特征，形成头盔主体。

图 5-43　绘制矩形

图 5-44　创建拉伸切除

Step5 再次绘制矩形

在前视基准面中再次绘制矩形，如图 5-45 所示。

Step6 再次拉伸切除

再次创建拉伸切除特征，如图 5-46 所示。

图 5-45　再次绘制矩形

图 5-46　再次创建拉伸切除

Step7 创建抽壳特征

① 单击【特征】工具栏中的【抽壳】按钮，设置抽壳特征参数，如图 5-47 所示。

② 对头盔创建抽壳特征。

图 5-47　创建抽壳特征

Step8 创建弯曲特征

① 选择【插入】|【特征】|【弯曲】菜单命令，设置弯曲特征的参数，如图 5-48 所示。

② 对头盔创建弯曲特征。

图 5-48　创建弯曲特征

Step9 创建圆角特征

① 单击【特征】工具栏中的【圆角】按钮，设置圆角特征的参数，如图 5-49 所示。

② 对头盔边缘创建圆角特征。至此完成头盔模型范例的创建，如图 5-50 所示。

图 3-126　创建圆角特征

图 3-127　头盔模型

5.7　本章小结

本章主要介绍了属于 SOLIDWORKS 2021 的零件变形特征的各种命令，包括压凹、弯曲、变形、拔模和圆顶这些命令。零件变形特征的各种命令，对于特殊零件和曲面的创建有较大帮助，可以创建普通实体命令无法创建的特征。

第 6 章

特征编辑

　　组合是将实体组合起来，从而获得新的实体特征的过程。阵列是利用特征设计中的驱动尺寸，将增量进行更改并指定给阵列进行特征复制的过程。原始特征可以生成线性阵列、圆周阵列、曲线驱动的阵列、草图驱动的阵列和表格驱动的阵列等。镜向是将所选的草图、特征和零部件对称于所选平面或者面的复制过程。

　　本章将讲解 SOLIDWORKS 2021 的组合编辑、阵列和镜向特征命令的属性设置和操作步骤等内容。

6.1　组合

本节将介绍对实体对象进行组合的操作，通过实体对象组合，可以获得一个新的实体。

6.1.1　组合操作

下面介绍组合操作的参数设置和操作方法。

（1）组合实体的参数设置

选择【插入】|【特征】|【组合】菜单命令，打开【组合 1】属性管理器，如图 6-1 所示，其参数设置方法如下。

●【添加】

对选择的实体进行组合操作，选中该单选按钮，单击【实体】选择框 ，在绘图区选择要组合的实体。

●【删减】

选中【删减】单选按钮，单击【主要实体】选项组中的【实体】选择框 ，在绘图区域选择要保留的实体。单击【减除的实体】选项组中的【实体】选择框 ，在绘图区域选择要删除的实体。

●【共同】

移除除重叠之外的所有材料。选中【共同】单选按钮，单击【实体】选择框 ，在绘图区选择有重叠部分的实体。

其他属性设置不再赘述。

（2）组合实体的操作步骤

下面将如图 6-2 所示的两个实体进行组合操作。

选择【插入】|【特征】|【组合】菜单命令，打开【组合 1】属性管理器。

图 6-1 【组合 1】属性管理器

图 6-2 要操作的实体

●【添加】型组合操作

选中【添加】单选按钮，在绘图区分别选择凸台-拉伸 1 和凸台-拉伸 2，单击【确定】按钮 ，属性设置如图 6-3 所示，生成的组合实体如图 6-4 所示。

图 6-3 【添加】操作类型

图 6-4 生成的组合实体

●【删减】型组合操作

选中【删减】单选按钮，在绘图区选择凸台-拉伸 1 为主要实体，选择凸台-拉伸 2 为减除的实体，如图 6-5 所示；单击【确定】按钮 ，生成的组合实体如图 6-6 所示。

●【共同】型组合操作

选中【共同】单选按钮，在绘图区选择凸台-拉伸 1 和凸台-拉伸 2，如图 6-7 所示，单击【确定】按钮☑，生成的组合实体如图 6-8 所示。

图 6-5 【删减】操作类型　　　　图 6-6 生成的组合实体

图 6-7 【共同】操作类型　　　　如图 6-8 生成的组合实体

6.1.2 分割操作

下面介绍分割实体的参数设置和操作方法。

选择【插入】|【特征】|【分割】菜单命令，打开【分割】属性管理器，如图 6-9 所示，其参数设置方法如下。

（1）【剪裁工具】选项组

【剪裁曲面】◈：在绘图区选择剪裁基准面，曲面或草图。

（2）【目标实体】选项组

【目标实体】选择框🔲：选择目标实体。

【切割实体】按钮：单击该按钮后选择要切除的部分。

（3）【所产生实体】选项组

【消耗切除实体】：删除切除的实体。

【延伸视象属性】：将属性复制到新的零件文件中。

（4）分割实体的操作步骤

选择【插入】|【特征】|【分割】菜单命令，打开【分割】属性管理器，如图 6-10 所示。

选择【右视基准面】为剪裁曲面。

图 6-9 【分割】属性管理器　　　　图 6-10 【分割】属性操作

图 6-11 分割的实体

单击【切割实体】按钮，在绘图区选择零件被分割后的两部分实体。

单击【自动指派名称】按钮，则系统自动为实体命名。

单击【确定】按钮☑，即可分割实体特征，结果如图 6-11 所示。

6.1.3 移动/复制实体

下面介绍移动/复制实体的参数设置和使用方法。

选择【插入】|【特征】|【移动/复制】菜单命令，打开【移动/复制实体】属性管理器，如图 6-12 所示，其参数设置方法如下。

（1）【要移动/复制的实体和曲面或图形实体】

单击该选择框，在绘图区选择要移动的对象。

（2）【要配合的实体】

在绘图区选择要配合的实体，配合方法参数主要包括：

【约束类型】：包括【重合】，【平行】，【垂直】，【相切】，【同心】。

【配合对齐】：包括【同向对齐】和【异向对齐】。

其他选项不再赘述。

移动/复制实体的操作类似于装配体的配合操作，读者可参阅后面的装配体章节。

6.1.4 删除操作

下面介绍删除的参数设置和操作方法。

（1）删除实体参数设置

选择【插入】|【特征】|【删除/保留实体】菜单命令，打开【删除/保留实体】属性管理器，如图 6-13 所示，其属性设置不再赘述。

图 6-12 【移动/复制实体】属性管理器　　　　图 6-13 【删除/保留实体】属性管理器

（2）删除实体的操作步骤

选择【插入】|【特征】|【删除/保留实体】菜单命令，打开【删除/保留实体】属性管理器。单击【要删除/保留的实体/曲面实体】选择框，在绘图区选择要删除的对象。单击【确定】按钮，即可删除实体特征。

6.2 阵列

阵列编辑是利用特征设计中的驱动尺寸，将增量进行更改并指定给阵列进行特征复制的过程。原始特征可以生成线性阵列、圆周阵列、曲线驱动的阵列、草图驱动的阵列和表格驱动的阵列等。

6.2.1 线性草图阵列

图 6-14 【线性阵列】
属性管理器

下面介绍线性草图阵列的属性设置和操作方法。

（1）线性草图阵列的属性设置

对于基准面、零件或者装配体中的草图实体，使用【线性草图阵列】命令可以生成草图线性阵列。单击【草图】工具栏中的【线性草图阵列】按钮 或者选择【工具】|【草图工具】|【线性阵列】菜单命令，系统打开【线性阵列】属性管理器，如图 6-14 所示。

● 【方向 1】、【方向 2】选项组

【方向 1】选项组显示了沿 X 轴线性阵列的特征参数；【方向 2】选项组显示了沿 Y 轴线性阵列的特征参数。

【反向】按钮 ：可以改变线性阵列的排列方向。

【间距】 ：线性阵列 X、Y 轴相邻两个特征参数之间的距离。

【标注 x 间距】：形成线性阵列后，在草图上自动标注特征尺寸（如线性阵列特征之间的距离）。

【实例数】 ：经过线性阵列后草图最后形成的总个数。

【角度】 ：线性阵列的方向与 X、Y 轴之间的夹角。

● 【要阵列的实体】选项组

【要阵列的实体】选择框 ：选择阵列对象。

● 【可跳过的实例】选项组

【要跳过的单元】 ：生成线性阵列时跳过在图形区域中选择的阵列实例。

其他属性设置不再赘述。

（2）生成线性草图阵列的操作步骤

选择要进行线性阵列的草图。选择【工具】|【草图工具】|【线性阵列】菜单命令，系统打开【线性阵列】属性管理器，如图 6-15 所示；根据需要，设置各选项组参数，单击【确定】按钮 ，生成草图线性阵列，如图 6-16 所示。

6.2.2 圆周草图阵列

下面介绍圆周草图阵列的属性设置和操作方法。

（1）草图阵列的属性设置

对于基准面、零件或者装配体上的草图实体，使用【圆周草图阵列】菜单命令可以生成草图圆周阵列。单击【草图】工具栏中的【圆周草图阵列】按钮 或者选择【工具】|【草图工具】|【圆周阵列】菜单命令，系统弹出【圆周阵列】属性管理器，如图 6-17 所示。

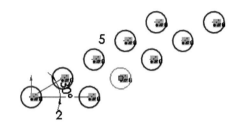

图 6-15　【线性阵列】参数设置　　　图 6-16　生成草图线性阵列

● 【参数】选项组

【反向】 ：草图圆周阵列围绕原点旋转的方向。

【中心点 X】 ：草图圆周阵列旋转中心的横坐标。

【中心点 Y】 ：草图圆周阵列旋转中心的纵坐标。

【圆弧角度】 ：圆周阵列旋转中心与要阵列的草图重心之间的夹角。

【等间距】：圆周阵列中草图之间的夹角是相等的。

【添加半径】、【标注角间距】：形成圆周阵列后，在草图上自动标注出特征尺寸。

【实例数】 ：经过圆周阵列后草图最后形成的总个数。

【半径】 ：圆周阵列的旋转半径。

● 【要阵列的实体】选项组

【要阵列的实体】选择框 ：选择阵列对象。

● 【可跳过的实例】选项组

【要跳过的单元】 ：生成圆周阵列时跳过在图形区域中选择的阵列实例。

其他属性设置不再赘述。

（2）生成圆周草图阵列的操作步骤

选择要进行圆周阵列的草图。选择【工具】|【草图工具】|【圆周阵列】菜单命令，系统打开【圆周阵列】属性管理器，如图 6-18

图 6-17　【圆周阵列】属性管理器

所示；根据需要，设置各选项组参数，单击【确定】按钮✓，生成草图圆周阵列，如图 6-19 所示。

图 6-18 【圆周阵列】属性管理器

图 6-19 生成草图圆周阵列

6.2.3 特征线性阵列

特征阵列与草图阵列相似，都是复制一系列相同的要素。不同之处在于草图阵列复制的是草图，特征阵列复制的是结构特征；草图阵列得到的是一个草图，而特征阵列得到的是一个复杂的零件。

特征阵列包括线性阵列、圆周阵列、表格驱动的阵列、草图驱动的阵列和曲线驱动的阵列等。特征的线性阵列是在 1 个或者几个方向上生成多个指定的源特征。

（1）特征线性阵列的属性设置

单击【特征】工具栏中的【线性阵列】按钮▦或者选择【插入】|【阵列/镜向】|【线性阵列】菜单命令，系统弹出【线性阵列】属性管理器，如图 6-20 所示。

●【方向 1】、【方向 2】选项组

分别指定两个线性阵列的方向。

【阵列方向】选择框：设置阵列方向，可以选择线性边线、直线、轴或者尺寸。

【反向】↗：改变阵列方向。

【间距】✦：设置阵列实例之间的间距。

【实例数】⬚：设置阵列实例之间的数量。

●【特征和面】选项组

可以使用所选择的特征作为源特征，以生成线性阵列。可以使用构成源特征的面生成阵列。在图形区域中选择源特征的所有面，这对于只输入构成特征的面而不是特征本身的模型很有用。当设置【特征和面】选项组时，阵列必须保持在同一面或者边界内，不能跨越边界。

●【实体】选项组

可以使用在多实体零件中选择的实体生成线性阵列。

●【可跳过的实例】选项组

可以在生成线性阵列时跳过在图形区域中选择的阵列实例。

●【选项】选项组

【随形变化】：允许重复时更改阵列。

【几何体阵列】：只使用特征的几何体（如面、边线等）生成线性阵列，而不生成特征的每个实例。此复选框可以加速阵列的生成和重建，对于与模型上其他面共用一个面的特征，不能启用该复选框。

【延伸视象属性】：将特征的颜色、纹理和装饰螺纹数据延伸到所有阵列实例。

（2）生成特征线性阵列的操作步骤

选择要进行阵列的特征。单击【特征】工具栏中的【线性阵列】按钮 或者选择【插入】|【阵列/镜向】|【线性阵列】菜单命令，系统打开【线性阵列】属性管理器；设置各选项组参数，如图 6-21 所示；单击【确定】按钮，生成特征线性阵列，如图 6-22 所示。

图 6-20　【线性阵列】属性管理器

图 6-21　【线性阵列】属性管理器

图 6-22　生成特征线性阵列

图 6-23 【阵列（圆周）1】
属性管理器

6.2.4 特征圆周阵列

特征的圆周阵列是将源特征围绕指定的轴线复制多个特征。

（1）特征圆周阵列的属性设置

单击【特征】工具栏中的【圆周阵列】按钮 或者选择【插入】|【阵列/镜向】|【圆周阵列】菜单命令，系统弹出【阵列（圆周）1】属性管理器，如图 6-23 所示。

【阵列轴】选择框：在绘图区中选择轴、模型边线或者角度尺寸，作为生成圆周阵列所围绕的轴。

【反向】 ：改变圆周阵列的方向。

【角度】 ：设置每个实例之间的角度。

【实例数】 ：设置源特征的实例数。

【等间距】：自动设置总角度为 360°。

其他属性设置不再赘述。

（2）生成特征圆周阵列的操作步骤

选择要进行阵列的特征。单击【特征】工具栏中的【圆周阵列】按钮 或者选择【插入】|【阵列/镜向】|【圆周阵列】菜单命令，弹出【阵列（圆周）1】属性管理器；设置各选项组参数，如图 6-24 所示；单击【确定】按钮 ，生成特征圆周阵列，如图 6-25 所示。

图 6-24 【阵列（圆周）1】属性管理器

图 6-25 生成特征圆周阵列

6.2.5 表格驱动的阵列

可以使用 x、y 坐标来对指定的源特征进行"表格驱动的阵列"。使用 x、y 坐标的孔阵列是"表格驱动的阵列"的常见应用，但也可以由"表格驱动的阵列"使用其他源特征（如凸台等）。

（1）表格驱动的阵列属性设置

单击【特征】工具栏中的【表格驱动的阵列】按钮![icon]或者选择【插入】|【阵列/镜向】|【表格驱动的阵列】菜单命令，弹出【由表格驱动的阵列】对话框，如图 6-26 所示。

● 【读取文件】

输入含 x、y 坐标的阵列表或者文字文件。单击【浏览】按钮，选择阵列表（*.SLDPTAB）文件或者文字（*.TXT）文件以输入现有的 x、y 坐标。

● 【参考点】

指定在放置阵列实例时 x、y 坐标所适用的点，参考点的 x、y 坐标在阵列表中显示为点 O。

● 对象选择框

【坐标系】：设置用来生成表格阵列的坐标系，包括原点、从【特征管理器设计树】中选择所生成的坐标系。

图 6-26 【由表格驱动的阵列】对话框

【要复制的实体】：根据多实体零件生成阵列。

【要复制的特征】：根据特征生成阵列，可以选择多个特征。

【要复制的面】：根据构成特征的面生成阵列，选择图形区域中的所有面，这对于只输入构成特征的面而不是特征本身的模型很有用。

● 复选项

【几何体阵列】：只使用特征的几何体（如面和边线等）生成阵列。此复选框可以加速阵列的生成和重建，对于具有与零件其他部分合并的特征，不能生成几何体阵列，几何体阵列在选择了【要复制的实体】时不可用。

【延伸视象属性】：将特征的颜色、纹理和装饰螺纹数据延伸到所有阵列实体。可以使用 x、y 坐标作为阵列实例生成位置点。如果要为表格驱动的阵列的每个实例输入 x、y 坐标，双击数值框输入坐标值即可。

（2）生成表格驱动的阵列的操作步骤

生成坐标系 1。此坐标系的原点作为表格阵列的原点，X 轴和 Y 轴定义阵列发生的基准面，如图 6-27 所示。

图 6-27 生成坐标系 1

> **注意：**
> 在生成表格驱动的阵列前，必须先生成一个坐标系，并且要求要阵列的特征相对于该坐标系有确定的空间位置关系。

选择要进行阵列的特征。选择【插入】|【阵列/镜向】|【表格驱动的阵列】菜单命令，弹出【由表格驱动的阵列】对话框；设置参数如图 6-28 所示，单击【确定】按钮，生成表格驱动的阵列，如图 6-29 所示。

图 6-28 【由表格驱动的阵列】对话框

图 6-29 生成表格驱动的阵列

图 6-30 【由草图驱动的阵列】
属性管理器（一）

6.2.6 草图驱动的阵列

草图驱动的阵列是通过草图中的特征点复制源特征的一种阵列方式。

（1）草图驱动的阵列的属性设置

单击【特征】工具栏中的【草图驱动的阵列】按钮 或者选择【插入】|【阵列/镜向】|【草图驱动的阵列】菜单命令，系统打开【由草图驱动的阵列】属性管理器，如图 6-30 所示。

● 【参考草图】

在【特征管理器设计树】中选择草图用作阵列。

● 【参考点】

【重心】：根据源特征的类型决定重心。

【所选点】：在图形区域中选择一个点作为参考点。

其他属性设置不再赘述。

（2）生成草图驱动的阵列的操作步骤

绘制平面草图，草图中的点将成为源特征复制的目标点。选择要进行阵列的特征。选择【插入】|【阵列/镜向】|【草图驱动的阵列】菜单命令，系统弹出【由草图驱动的阵列】属性管理器，设置各选项组参数，如图 6-31 所示；单击【确定】按钮✔，生成草图驱动的阵列，如图 6-32 所示。

图 6-31 【由草图驱动的阵列】属性管理器（二）　　图 6-32 生成草图驱动的阵列

6.2.7 曲线驱动的阵列

曲线驱动的阵列是通过草图中的平面或者 3D 曲线复制源特征的一种阵列方式。

（1）曲线驱动的阵列的属性设置

单击【特征】工具栏中的【曲线驱动的阵列】按钮🞮或者选择【插入】|【阵列/镜向】|【曲线驱动的阵列】菜单命令，系统打开【曲线驱动的阵列】属性管理器，如图 6-33 所示。

●【阵列方向】选择框

选择曲线、边线、草图实体或者在【特征管理器设计树】中选择草图作为阵列的路径。

【反向】🡥：改变阵列的方向。

【实例数】🞮：为阵列中源特征的实例数设置数值。

【等间距】：使每个阵列实例之间的距离相等。

【间距】🞮：沿曲线为阵列实例之间的距离设置数值，曲线与要阵列的特征之间的距离垂直于曲线而测量。

图 6-33 【曲线驱动的阵列】属性管理器

● 【曲线方法】

使用所选择的曲线定义阵列的方向。

【转换曲线】：为每个实例保留从所选曲线原点到源特征的"Delta X"和"Delta Y"的距离。

【等距曲线】：为每个实例保留从所选曲线原点到源特征的垂直距离。

● 【对齐方法】

【与曲线相切】：对齐所选择的与曲线相切的每个实例。

【对齐到源】：对齐每个实例以便与源特征的原有对齐匹配。

● 【面法线】选择框

（仅对于 3D 曲线）选择 3D 曲线所处的面以生成曲线驱动的阵列。

其他属性设置不再赘述。

（2）生成曲线驱动的阵列的操作步骤

绘制曲线草图。选择要进行阵列的特征。选择【插入】|【阵列/镜向】|【曲线驱动的阵列】菜单命令，系统弹出【曲线驱动的阵列】属性管理器，设置各选项组参数，如图 6-34 所示；单击【确定】按钮✓，生成曲线驱动的阵列，如图 6-35 所示。

图 6-34 设置各选项组参数

图 6-35 生成曲线驱动的阵列

6.2.8 填充阵列

填充阵列是在限定的实体平面或者草图区域中进行的阵列复制。

（1）填充阵列的属性设置

单击【特征】工具栏中的【填充阵列】按钮或者选择【插入】|
【阵列/镜向】|【填充阵列】菜单命令，系统打开【填充阵列】属性
管理器，如图 6-36 所示。

● 【填充边界】选项组

【选择面或共平面上的草图、平面曲线】选择框：定义要使用
阵列填充的区域。

● 【阵列布局】选项组

定义填充边界内实例的布局阵列，可以自定义形状进行阵列或
者对特征进行阵列，阵列实例以源特征为中心呈同轴心分布。

※【穿孔】布局：为钣金穿孔式阵列生成网格。

【实例间距】：设置实例中心之间的距离。

【交错断续角度】：设置各实例行之间的交错断续角度，起始
点位于阵列方向所使用的向量处。

【边距】：设置填充边界与最远端实例之间的边距，可以将边
距的数值设置为零。

【阵列方向】：设置方向参考。如果未指定方向参考，系统将
使用最合适的参考。

※【圆周】布局：生成圆周形阵列，其参数如图 6-37 所示。

【环间距】：设置实例环间的距离。

【目标间距】：设置每个环内实例间距离以填充区域。每个环的
实际间距可能有所不同，因此各实例之间会进行均匀调整。

图 6-36 【填充阵列】
属性管理器

【每环的实例】：使用实例数（每环）填充区域。

【实例间距】（在选中【目标间距】单选按钮时可用）：设置每个环内实例中心间的
距离。

【边距】：设置填充边界与最远端实例之间的边距，可以将边距的数值设置为零。

【阵列方向】：设置方向参考。如果未指定方向参考，系统将使用最合适的参考。

【实例记数】：设置每环的实例数。

※【方形】布局：生成方形阵列，其参数如图 6-38 所示。

【环间距】：设置实例环间的距离。

【目标间距】：设置每个环内实例间距离以填充区域。每个环的实际间距可能有所不同，
因此各实例之间会进行均匀调整。

【每边的实例】：使用实例数（每个方形的每边）填充区域。

【实例间距】（在选中【目标间距】单选按钮时可用）：设置每个环内实例中心间的
距离。

图 6-37　【圆周】布局的参数　　　　图 6-38　【方形】布局的参数

图 6-39　【多边形】阵列
的参数

【边距】：设置填充边界与最远端实例之间的边距，可以将边距的数值设置为零。

【阵列方向】：设置方向参考。如果未指定方向参考，系统将使用最合适的参考。

【实例记数】：设置每个方形各边的实例数。

※【多边形】布局：生成多边形阵列，其参数如图 6-39 所示。

【环间距】：设置实例环间的距离。

【多边形边】：设置阵列中的边数。

【目标间距】：设置每个环内实例间距离以填充区域。每个环的实际间距可能有所不同，因此各实例之间会进行均匀调整。

【每边的实例】：使用实例数（每个多边形的各边）填充区域。

【实例间距】（在选中【目标间距】单选按钮时可用）：设置每个环内实例中心间的距离。

【边距】：设置填充边界与最远端实例之间的边距，可以将边距的数值设置为零。

【阵列方向】：设置方向参考。如果未指定方向参考，系统将使用最合适的参考。

【实例记数】：设置每个多边形每边的实例数。

● 【特征和面】选项组、【实体】选项组、【可跳过的实例】和【选项】选项组和前面的阵列设置相同，这里不再做赘述。

（2）生成填充阵列的操作步骤

绘制平面草图。选择【插入】|【阵列/镜向】|【填充阵列】菜单命令，系统弹出【填充阵列】属性管理器，设置各选项组参数，如图 6-40 所示；单击【确定】按钮，生成填充阵列，如图 6-41 所示。

图6-40 【填充阵列】属性管理器

图6-41 生成填充阵列

6.3 镜向

镜向编辑是将所选的草图、特征和零部件对称于所选平面或者面的复制过程。镜向编辑的方法，主要包括镜向草图、镜向特征和镜向零部件。本节主要介绍草图镜向和特征镜向这两种编辑方法。

6.3.1 镜向现有草图实体

镜向草图是以草图实体为目标进行镜向复制的操作。

（1）镜向实体的属性设置

单击【草图】工具栏中的【镜向实体】按钮 或者选择【工具】|【草图工具】|【镜向】菜单命令，系统打开【镜向】属性管理器，如图6-42所示。

● 【要镜向的实体】选择框 ：选择草图实体。

● 【镜向轴】选择框 ：选择边线或者直线。

（2）镜向实体的操作步骤

单击【草图】工具栏中的【镜向实体】按钮 或者选择【工具】|【草图工具】|【镜向】菜单命令，系统打开【镜向】

图6-42【镜向】属性管理器（一）

属性管理器，设置参数如图 6-43 所示；单击【确定】按钮✓，镜向现有草图实体，如图 6-44
所示。

图 6-43 【镜向】属性管理器（二）　　　　图 6-44 镜向现有草图实体

6.3.2 在绘制时镜向草图实体

在绘制时镜向草图实体的操作方法如下。

（1）在激活的草图中选择直线或者模型边线。

（2）选择【工具】|【草图工具】|【动态镜向】菜单命令，此时对称符号出现在直线或
者边线的两端，如图 6-45 所示。

（3）实体在接下来的绘制中被镜向，如图 6-46 所示。

（4）如果要关闭镜向，则再次选择【工具】|【草图工具】|【动态镜向】菜单命令。

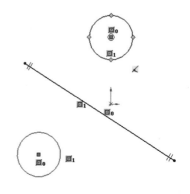

图 6-45 出现对称符号　　　　　　图 6-46 绘制的实体被镜向

镜向草图操作的注意事项如下。

● 镜向只包括新的实体和原有镜向的实体。

● 可镜向某些或所有草图实体。

● 可围绕任何类型直线（不仅仅是构造性直线）镜向。

● 可沿零件、装配体或工程图中的边线镜向。

6.3.3　镜向特征

镜向特征是沿面或者基准面镜向，以生成一个特征（或者多个特征）的复制操作。

（1）镜向特征的属性设置

选择【插入】|【阵列/镜向】|【镜向】菜单命令，系统弹出【镜向】属性管理器，如图 6-47 所示。

【镜向面/基准面】选项组：在图形区域中选择一个面或基准面作为镜向面。

【要镜向的特征】选项组：单击模型中一个或者多个特征，也可以在【特征管理器设计树】中选择要镜向的特征。

【要镜向的面】选项组：在图形区域中单击构成要镜向的特征的面，此选项组参数对于在输入的过程中仅包括特征的面且不包括特征本身的零件很有用。

（2）生成镜向特征的操作步骤

选择要镜向的特征。选择【插入】|【阵列/镜向】|【镜向】菜单命令，系统弹出【镜向】属性管理器，设置各选项组参数，如图 6-48 所示；单击【确定】按钮☑，生成镜向特征，如图 6-49 所示。

图 6-47　【镜向】属性管理器（一）

图 6-48　【镜向】属性管理器（二）

图 6-49　生成镜向特征

（3）镜向特征操作的注意事项

在单一模型或多实体零件中，选择一个实体生成镜向实体。

通过选择几何体阵列并使用特征范围来选择包括特征的实体，并将特征应用到一个或多个实体零件中。

6.4　设计范例

6.4.1　绘制置物架范例

本节范例文件：范例文件/第 6 章/6-1.SLDPRT

多媒体教学路径：多媒体教学→第 6 章→6.4.1 范例

 范例分析

　　本范例是绘制置物架的模型，首先使用拉伸命令和拉伸切除命令创建单个置物格，然后使用阵列命令创建置物架主体，最后拉伸命令创建置物架边缘。

 范例操作

Step1 创建草绘图形

　　① 单击【草图】工具栏中的【草图绘制】按钮□，选择前视基准面，进行草图绘制，如图 6-50 所示。

　　② 单击【草图】工具栏中的【多边形】按钮⊙，在前视基准面上绘制六边形草图。

图 6-50　绘制六边形

Step2 创建拉伸特征

　　① 单击【特征】工具栏中的【拉伸凸台/基体】按钮▣，设置拉伸特征参数，如图 6-51 所示。

　　② 对上一步绘制的六边形草图进行拉伸操作。

Step3 再次绘制六边形

　　再次在前视基准面上绘制六边形，如图 6-52 所示。

图 6-51 拉伸凸台

图 6-52 再次绘制六边形

Step4 创建拉伸切除特征

① 单击【特征】工具栏中的【拉伸切除】按钮⊡，设置拉伸切除特征参数，如图 6-53 所示。

② 创建拉伸切除特征，形成一个置物格模型。

图 6-53 创建拉伸切除

Step5 创建线性阵列特征

①单击【特征】工具栏中的【线性阵列】按钮⊞，设置线性阵列特征参数，如图 6-54 所示。

②对置物格进行线性阵列操作，形成置物架主体。

图 6-54　创建线性阵列

Step6 绘制矩形

在前视基准面上绘制矩形，如图 6-55 所示。

图 6-55　绘制矩形

Step7 再次创建拉伸特征

①单击【特征】工具栏中的【拉伸凸台/基体】按钮⊡，设置拉伸特征参数，如图 6-56 所示。

②对上一步绘制的矩形草图进行拉伸操作，得到置物架边。至此完成置物架模型创建，结果如图 6-57 所示。

图 6-56　再次拉伸凸台

图 6-57　置物架模型

扫码看视频

6.4.2　绘制烛台范例

> 本节范例文件：范例文件/第 6 章/6-2.SLDPRT
>
> 多媒体教学路径：多媒体教学→第 6 章→6.4.2 范例

 范例分析

本范例是创建一个固定件模型，首先创建拉伸基体，之后使用拉伸命令创建非合并特征，再创建孔特征并镜向，最后进行特征组合。

 范例操作

Step1 创建草绘图形

①单击【草图】工具栏中的【草图绘制】按钮 □，选择前视基准面，进行草图绘制，如图 6-58 所示。

②在前视基准面上绘制直线草图。

Step2 绘制圆弧草图

单击【草图】工具栏中的【三点圆弧】按钮 ，绘制圆弧，如图 6-59 所示，完成草图绘制。

图 6-58　绘制直线　　　　　　　　　图 6-59　绘制圆弧

Step3 创建旋转特征

①单击【特征】工具栏中的【旋转凸台/基体】按钮，设置旋转特征参数，如图 6-60 所示。

②将绘制的草图进行旋转，形成烛台主体模型。

图 6-60　旋转凸台

Step4 绘制圆弧路径

在右视基准面上绘制圆弧，作为扫描路径，如图 6-61 所示。

Step5 绘制圆形

单击【草图】工具栏中的【圆】按钮，绘制圆形，作为扫描轮廓，如图 6-62 所示。

Step6 创建扫描特征

①单击【特征】工具栏中的【扫描】按钮，设置扫描特征参数，如图 6-63 所示。

② 创建扫描特征，形成烛台座的肋。

图 6-61　绘制圆弧　　　　　　　　　　　图 6-62　绘制圆形

图 6-63　创建扫描特征

Step7 创建圆周阵列

① 单击【特征】工具栏中的【圆周阵列】按钮🔲，设置圆周阵列特征参数，如图 6-64 所示。

② 对上部建立的肋创建圆周阵列特征，形成烛台底座。

图 6-64　创建圆周阵列

Step8 再次绘制圆形

单击【草图】选项卡中的【圆】按钮⊙，再次绘制圆形，如图 6-65 所示。

图 6-65　再次绘制圆形

Step9 创建拉伸特征

①单击【特征】工具栏中的【拉伸凸台/基体】按钮⬛，设置拉伸特征参数，如图 6-66 所示。

②对上一步绘制的圆形草图进行拉伸操作。

图 6-66　拉伸凸台

Step10 创建圆角特征

①单击【特征】工具栏中的【圆角】按钮⬛，设置圆角特征参数，如图 6-67 所示。

②对圆柱体进行圆角特征操作。

Step11 继续绘制圆形

继续绘制一个圆形，如图 6-68 所示。

图 6-67　创建圆角

图 6-68　绘制圆形

Step12 创建拉伸切除特征

①单击【特征】工具栏中的【拉伸切除】按钮 ，设置拉伸切除特征参数，如图 6-69 所示。

②创建拉伸切除特征，完成烛台顶部。至此完成烛台模型创建，结果如图 6-70 所示。

图 6-69　创建切除拉伸

图 6-70 烛台模型

6.5 本章小结

本章讲解了对实体进行组合编辑及对相应对象进行阵列和镜向的方法。其中阵列和镜向都是按照一定规则复制源特征的操作。镜向操作是源特征围绕镜向轴或者面进行一对一的复制过程。阵列操作是按照一定规则进行一对多的复制过程。阵列和镜向的操作对象可以是草图、特征和零部件等特征。

第 7 章

曲面设计和编辑

SOLIDWORKS 2021 提供了曲线和曲面的设计功能。曲线和曲面是复杂和不规则实体模型的主要组成部分，尤其在工业设计中，该组命令的应用更为广泛。曲线和曲面使不规则实体的绘制更加灵活、快捷。在 SOLIDWORKS 2021 中，既可以生成曲面，也可以对生成的曲面进行编辑。曲面编辑的命令可以通过菜单命令进行选择，也可以通过工具栏进行调用。

本章主要介绍曲线和曲面的各种创建方法和编辑命令。曲线可用来生成实体模型特征，主要命令有投影曲线、组合曲线、螺旋线/涡状线、分割线、通过参考点的曲线和通过 XYZ 点的曲线等。曲面也用来生成实体模型的几何体，主要命令有拉伸曲面、旋转曲面、扫描曲面、放样曲面、等距曲面和延展曲面。曲面编辑的主要命令有：圆角曲面、填充曲面、延伸曲面、剪裁、替换和删除曲面。

7.1 曲线设计

曲线是组成不规则实体模型的最基本要素，SOLIDWORKS 2021 提供了绘制曲线的工具栏和菜单命令。

7.1.1 投影曲线

投影曲线可以通过将绘制的曲线，投影到模型面上的方式生成一条三维曲线，即"草图到面"的投影类型，也可以使用另一种方式生成投影曲线，即"草图到草图"的投影类型。首先在两个相交的基准面上分别绘制草图，此时系统会将每个草图沿所在平面的垂直方向投影以得到相应的曲面，最后这两个曲面在空间中相交，生成一条三维曲线。

单击【曲线】工具栏中的【投影曲线】按钮或者选择【插入】|【曲线】|【投影曲线】菜单命令，系统打开【投影曲线】属性管理器，如图 7-1 所示。在【选择】选项组中，可以选择两种投影类型，即【面上草图】和【草图上草图】。

【要投影的草图】选择框⊏：在绘图区或者特征管理器设计树中，选择曲线草图。

【投影方向】选择框↗：选择投影的方向参考对象。

【投影面】选择框◉：在实体模型上选择想要投影草图的面。

【反转投影】：设置投影曲线的方向。

【双向】：向两个方向投影。

7.1.2　组合曲线

组合曲线通过将曲线、草图几何体和模型边线组合为一条单一曲线而生成。组合曲线可以作为生成放样特征或者扫描特征的引导线或者轮廓线。

单击【曲线】工具栏中的【组合曲线】按钮或者选择【插入】|【曲线】|【组合曲线】菜单命令，系统打开【组合曲线】属性管理器，如图 7-2 所示。

图 7-1　【投影曲线】属性管理器　　　图 7-2　【组合曲线】属性管理器

【要连接的实体】选择框↻：在绘图区中选择要组合曲线的项目（如草图、边线或者曲线等）。

> **提　示**
>
> 　　组合曲线是一条连续的曲线，它可以是开环的，也可以是闭环的，因此在选择组合曲线的对象时，它们必须是连续的，中间不能有间隔。

7.1.3　螺旋线和涡状线

螺旋线和涡状线可以作为扫描特征的路径或者引导线，也可以作为放样特征的引导线，通常用来生成螺纹、弹簧和发条等零件，也可以在工业设计中作为装饰使用。

单击【曲线】工具栏中的【螺旋线/涡状线】按钮⬚或者选择【插入】|【曲线】|【螺旋线/涡状线】菜单命令，系统弹出【螺旋线/涡状线】属性管理器，如图7-3所示。

（1）【定义方式】选项组

用来定义生成螺旋线和涡状线的方式，可以根据需要进行选择，如图7-4所示。

【螺距和圈数】：通过定义螺距和圈数生成螺旋线。

【高度和圈数】：通过定义高度和圈数生成螺旋线。

【高度和螺距】：通过定义高度和螺距生成螺旋线。

【涡状线】：通过定义螺距和圈数生成涡状线。

（2）【参数】选项组

【恒定螺距】（在选择【螺距和圈数】和【高度和螺距】选项时可用）：以恒定螺距方式生成螺旋线。

【可变螺距】（在选择【螺距和圈数】和【高度和螺距】选项时可用）：以可变螺距方式生成螺旋线。

【区域参数】（在选中【可变螺距】单选按钮后可用）：通过指定圈数或者高度、直径以及螺距率生成可变螺距螺旋线，如图7-5所示。

图7-3　【螺旋线/涡状线】属性管理器　　图7-4　【定义方式】选项组　　图7-5　【区域参数】设置

【螺距】（在选择【高度和圈数】选项时不可用）：为每个螺距设置半径更改比率。设置的数值必须至少为0.001，且不大于200000。

【圈数】（在选择【高度和螺距】选项时不可用）：设置螺旋线及涡状线的旋转数。

【高度】（在选择【高度和圈数】和【高度和螺距】时可用）：设置生成螺旋线的高度。

【直径】：设置螺旋线的截面直径。

【反向】：用来反转螺旋线及涡状线的旋转方向。启用该复选框，则将螺旋线从原点处向后延伸或者生成一条向内旋转的涡状线。

【起始角度】：设置在绘制的草图圆上开始初始旋转的位置。

【顺时针】：设置生成的螺旋线及涡状线的旋转方向为顺时针。

【逆时针】：设置生成的螺旋线及涡状线的旋转方向为逆时针。

（3）【锥形螺纹线】选项组

【锥形螺纹线】选项组在【定义方式】选项组中选择【涡状线】选项时不可用。

【锥形角度】：设置生成锥形螺纹线的角度。

【锥度外张】：设置生成的螺纹线是否锥度外张。

7.1.4 通过 XYZ 点的曲线

可以通过用户定义的点生成样条曲线，以这种方式生成的曲线被称为通过 XYZ 点的曲线。在 SOLIDWORKS 2021 中，用户既可以自定义样条曲线通过的点，也可以利用点坐标文件生成样条曲线。

图 7-6 【曲线文件】对话框

单击【曲线】工具栏中的【通过 XYZ 点的曲线】按钮或者选择【插入】|【曲线】|【通过 XYZ 点的曲线】菜单命令，弹出【曲线文件】对话框，如图 7-6 所示。

（1）【点】、【X】、【Y】、【Z】：【点】的列坐标定义生成曲线的点的顺序；【X】、【Y】、【Z】的列坐标对应点的坐标值。双击每个单元格，即可激活该单元格，然后输入数值即可。

（2）【浏览】：单击【浏览】按钮，弹出【打开】对话框，可以输入存在的曲线文件，根据曲线文件，直接生成曲线。

（3）【保存】：单击【保存】按钮，弹出【另存为】对话框，选择想要保存的位置，然后在【文件名】文字框中输入文件名称。如果没有指定扩展名，SOLIDWORKS 应用程序会自动添加".sldcrv"的扩展名。

（4）【插入】：用于插入新行。如果要在某一行之上插入新行，只要单击该行，然后单击【插入】按钮即可。

提示

在输入存在的曲线文件时，文件不仅可以是"*.sldcrv"格式的文件，也可以是".txt"格式的文件。使用 Excel 等应用程序生成坐标文件时，文件中必须只包含坐标数据，而不能是 x、y、z 的标号及其他无关数据。

7.1.5 通过参考点的曲线

通过参考点的曲线是通过一个或者多个平面上的点而生成的曲线。

单击【曲线】工具栏中的【通过参考点的曲线】按钮 或者选择【插入】|【曲线】|【通过参考点的曲线】菜单命令，系统打开【通过参考点的曲线】属性管理器，如图7-7所示。

（1）【通过点】选择框：选择通过一个或者多个平面上的点。

（2）【闭环曲线】：定义生成的曲线是否闭合。启用该复选框，则生成的曲线自动闭合。

图 7-7　【通过参考点的曲线】属性管理器

提　示

在生成通过参考点的曲线时，选择的参考点既可以是草图中的点，也可以是模型实体中的点。

7.1.6　分割线

图 7-8　【分割线】属性管理器

分割线通过将实体投影到曲面或者平面上而生成。它将所选的面分割为多个分离的面，从而可以选择其中一个分离面进行操作。分割线也可以通过将草图投影到曲面实体而生成，投影的实体可以是草图、模型实体、曲面、面、基准面或者曲面样条曲线。

单击【曲线】工具栏中的【分割线】按钮 或者选择【插入】|【曲线】|【分割线】菜单命令，系统弹出【分割线】属性管理器，如图7-8所示。

（1）【轮廓】分割类型

选中【轮廓】单选按钮，【轮廓】属性是在圆柱形零件上生成分割线。

【拔模方向】选择框：在绘图区或者【特征管理器设计树】中选择通过模型轮廓投影的基准面。

【要分割的面】选择框：选择一个或者多个要分割的面。

【反向】：设置拔模方向。启用该复选框，则以反方向拔模。

【角度】：设置拔模角度，主要用于制造工艺方面的考虑。

注意：

生成【轮廓】类型的分割线时，要分割的面必须是曲面，不能是平面。

（2）【投影】分割类型

选中【投影】单选按钮，【投影】属性是将草图线投影到表面上生成分割线，如图 7-9 所示。

【要投影的草图】选择框：在绘图区或者【特征管理器设计树】中选择草图，作为要投影的草图。

【单向】：以单方向进行分割以生成分割线。

其他选项不再赘述。

（3）【交叉点】分割类型

选中【交叉点】单选按钮，【交叉点】属性是以交叉实体、曲面、面、基准面或者曲面样条曲线分割面，如图 7-10 所示。

图 7-9　选中【投影】单选按钮后的属性设置　　图 7-10　选中【交叉点】单选按钮后的属性设置

【分割所有】：分割线穿越曲面上所有可能的区域，即分割所有可以分割的曲面。

【自然】：按照曲面的形状进行分割。

【线性】：按照线性方向进行分割。

其他选项不再赘述。

7.2　曲面设计

曲面是一种可以用来生成实体特征的几何体（如圆角曲面等）。一个零件中可以有多个曲面实体。

（1）在 SOLIDWORKS 2021 中生成曲面的方式

- 由草图或者基准面上的一组闭环边线插入平面。
- 由草图拉伸、旋转、扫描或者放样生成曲面。
- 由现有面或者曲面生成等距曲面。
- 从其他程序键输入曲面文件，如 CATIA、ACIS、Pro/ENGINEER、Unigraphics、SolidEdge、Autodesk Inverntor 等。
- 由多个曲面组合成新的曲面。

（2）在 SOLIDWORKS 2021 中使用曲面的方式
- 选择曲面边线和顶点作为扫描的引导线和路径。
- 通过加厚曲面生成实体或者切除特征。
- 使用【成形到一面】或者【到离指定面指定的距离】作为终止条件，拉伸实体或者切除实体。
- 通过加厚已经缝合成实体的曲面生成实体特征。
- 用曲面作为替换面。

7.2.1　拉伸曲面

拉伸曲面是将一条曲线拉伸为曲面。

单击【曲面】工具栏中的【拉伸曲面】按钮或者选择【插入】|【曲面】|【拉伸曲面】菜单命令，系统弹出【曲面-拉伸】属性管理器，如图 7-11 所示。

（1）【从】选项组

在【从】选项组中，选择不同的【开始条件】，不同的开始条件对应不同的属性设置。

【草图基准面】（如图 7-11 所示）。

【曲面/面/基准面】（如图 7-12 所示）：【选择一曲面/面/基准面】选择框是选择一个面作为拉伸曲面的开始条件。

【顶点】（如图 7-13 所示）：【选择一顶点】选择框是选择一个顶点作为拉伸曲面的开始条件。

【等距】（如图 7-14 所示）：【输入等距值】是从与当前草图基准面等距的基准面上开始拉伸曲面，在数值框中可以输入等距数值。

图 7-11　【曲面-拉伸】属性管理器

图 7-12　【曲面/面/基准面】选项

图 7-13　【顶点】选项

图 7-14　【等距】选项

（2）【方向 1】、【方向 2】选项组

【终止条件】下拉列表：决定拉伸曲面的方式，如图 7-15 所示。

【反向】：可以改变曲面拉伸的方向。

【拉伸方向】：在绘图区中选择方向向量以垂直于草图轮廓的方向拉伸草图。

【深度】：设置曲面拉伸的深度。

【拔模开/关】：设置拔模角度，主要用于制造工艺的考虑。

图 7-15　【终止条件】选项　　【向外拔模】：设置拔模的方向。

【封底】：将拉伸曲面底面封闭。

其他属性设置不再赘述。

（3）【所选轮廓】选项组

【所选轮廓】选项组◇：在绘图区中选择草图轮廓和模型边线，使用部分草图生成曲面拉伸特征。

7.2.2 旋转曲面

从交叉或者非交叉的草图中选择不同的草图，并用所选轮廓生成旋转的曲面，即为旋转曲面。

图 7-16 【曲面-旋转】属性管理器

单击【曲面】工具栏中的【旋转曲面】按钮 或者选择【插入】|【曲面】|【旋转曲面】菜单命令，系统打开【曲面-旋转】属性管理器，如图 7-16 所示。

（1）【旋转轴】选择框 ：设置曲面旋转所围绕的轴，所选择的轴可以是中心线、直线，也可以是 1 条边线。

（2）【反向】 ：改变旋转曲面的方向。

（3）【旋转类型】下拉列表：设置生成旋转曲面的类型。

【给定深度】：从草图以单一方向生成旋转曲面。

【成形到一顶点】：从草图基准面生成旋转曲面到指定顶点。

【成形到一面】：从草图基准面生成旋转曲面到指定曲面。

【到离指定面指定的距离】：从草图基准面生成旋转曲面到指定曲面的指定等距。

【两侧对称】：从草图基准面以顺时针和逆时针方向生成旋转曲面。

（4）【方向 1 角度】 、【方向 2 角度】 ：设置旋转曲面的角度。系统默认的角度为 360°，角度从所选草图基准面以顺时针方向开始。

7.2.3 扫描曲面

利用轮廓和路径生成的曲面被称为扫描曲面。扫描曲面和扫描特征类似，也可以通过引导线生成。

单击【曲面】工具栏中的【扫描曲面】按钮 或者选择【插入】|【曲面】|【扫描曲面】菜单命令，系统弹出【曲面-扫描】属性管理器，如图 7-17 所示。

（1）【轮廓和路径】选项组

【轮廓】 ：设置扫描曲面的草图轮廓，在绘图区或者【特征管理器设计树】中选择草图轮廓，扫描曲面的轮廓可以是开环的，也可以是闭环的。

【路径】 ：设置扫描曲面的路径，在绘图区或者【特征管理器设计树】中选择路径。

（2）【引导线】选项组

【引导线】 ：在轮廓沿路径扫描时加以引导。

【上移】 ：调整引导线的顺序，使指定的引导线上移。

【下移】 ：调整引导线的顺序，使指定的引导线下移。

【合并平滑的面】：改进通过引导线扫描的性能，并在引导线或者路径不是曲率连续的所有点处，进行分割扫描。

【显示截面】 ：显示扫描的截面，单击 箭头可以进行滚动预览。

（3）【起始处/结束处相切】选项组

【起始处相切类型】（如图 7-18 所示）：选择【无】不应用相切；选择【路径相切】则路径垂直于开始点处而生成扫描。

【结束处相切类型】（如图 7-19 所示）：选择【无】不应用相切；选择【路径相切】则路径垂直于结束点处而生成扫描。

（4）【曲率显示】选项组

图 7-17 【曲面-扫描】属性管理器

设置【网格预览】、【斑马条纹】、【曲率检查梳形图】的模型显示。

图 7-18 【起始处相切类型】选项

图 7-19 【结束处相切类型】选项

7.2.4 放样曲面

通过曲线之间的平滑过渡生成的曲面称为放样曲面。放样曲面由放样的轮廓曲线组成，也可以根据需要使用引导线。

单击【曲面】工具栏中的【放样曲面】按钮 或者选择【插入】|【曲面】|【放样曲面】菜单命令，系统打开【曲面-放样】属性管理器，如图 7-20 所示。

（1）【轮廓】选项组

【轮廓】 ：设置放样曲面的草图轮廓，可以在绘图区或者【特征管理器设计树】中选择草图轮廓。

【上移】 ：调整轮廓草图的顺序，选择轮廓草图，使其上移。

【下移】 ：调整轮廓草图的顺序，选择轮廓草图，使其下移。

（2）【起始/结束约束】选项组

【开始约束】和【结束约束】列表有相同的选项。

【无】：不应用相切约束，即曲率为零。

【方向向量】：根据方向向量所选实体而应用相切约束。

【垂直于轮廓】：应用垂直于开始或者结束轮廓的相切约束。

（3）【引导线】选项组

【引导线】 ：选择引导线以控制放样曲面。

【上移】：调整引导线的顺序，选择引导线，使其上移。

【下移】：调整引导线的顺序，选择引导线，使其下移。

【引导线相切类型】：控制放样与引导线相遇处的相切。

（4）【中心线参数】选项组（如图7-21所示）

图 7-20 【曲面-放样】属性管理器　　图 7-21 【曲面-放样】其他属性

【中心线】 ：使用中心线引导放样形状，中心线可以和引导线是同一条线。

【截面数】：在轮廓之间围绕中心线添加截面，截面数可以通过移动滑杆进行调整。

【显示截面】 ：显示放样的截面，单击 箭头显示截面数。

（5）【草图工具】选项组

用于在从同一草图（特别是3D草图）中的轮廓中定义放样截面和引导线。

【拖动草图】按钮：激活草图拖动模式。

【撤销草图拖动】按钮 ：撤销先前的草图拖动操作，并将预览返回到其先前状态。

（6）【选项】选项组

【合并切面】：在生成放样曲面时，如果对应的线段相切，则使在所生成放样中的曲面保持相切。

【闭合放样】：沿放样方向生成闭合实体，启用此复选框，会自动连接最后一个和第一个草图。

【显示预览】：显示放样的上色预览；若取消启用此复选框，则只显示路径和引导线。

【微公差】：在非常小的几何绘图区之间设置公差，创建放样时启用。

（7）【曲率显示】选项组

设置【网格预览】、【斑马条纹】、【曲率检查梳形图】的模型显示。

7.2.5　等距曲面

将已经存在的曲面以指定距离，生成的另一个曲面被称为等距曲面。该曲面既可以是模型的轮廓面，也可以是绘制的曲面。

单击【曲面】工具栏中的【等距曲面】按钮或者选择【插入】|【曲面】|【等距曲面】菜单命令，系统打开【等距曲面】属性管理器，如图 7-22 所示。

图 7-22　【等距曲面】属性管理器

（1）【要等距的曲面或面】选择框：在绘图区中选择要等距的曲面或者平面。

（2）【等距距离】：可以输入等距距离数值。

（3）【反转等距方向】：改变等距的方向。

7.2.6　延展曲面

图 7-23　【延展曲面】属性管理器

通过沿所选平面方向延展实体或者曲面的边线，而生成的曲面称为延展曲面。

选择【插入】|【曲面】|【延展曲面】菜单命令，系统弹出【延展曲面】属性管理器，如图 7-23 所示。

（1）【延展方向参考】选择框：在绘图区中选择一个面或者基准面。

（2）【反转延展方向】：改变曲面延展的方向。

（3）【要延展的边线】选择框：在绘图区中选择一条边线或者一组连续边线。

（4）【沿切面延伸】复选框：使曲面沿模型中的相切面继续延展。

（5）【延展距离】：设置延展曲面的宽度。

7.3　曲面编辑

7.3.1　圆角曲面

使用圆角命令将曲面实体中，以一定角度相交的两个相邻面之间的边线，进行平滑过渡生成的圆角，称为圆角曲面。

单击【曲面】工具栏中的【圆角】按钮 或者选择【插入】|【曲面】|【圆角】菜单命令，系统弹出【圆角】属性管理器，如图 7-24 所示。

圆角曲面命令与圆角特征命令基本相同，在此不再赘述。

图 7-24　【圆角】属性管理器

提　示

在生成圆角曲面时，圆角处理的是曲面实体的边线，可以生成多半径圆角曲面。圆角曲面只能在曲面和曲面之间生成，不能在曲面和实体之间生成。

7.3.2　填充曲面

在现有模型边线、草图或者曲线定义的边界内，生成带任何边数的曲面修补，称为填充曲面。填充曲面可以用来构造填充模型中缝隙的曲面。

通常在以下几种情况中使用填充曲面：

- 纠正没有正确输入到 SOLIDWORKS 2021 中的零件。
- 填充用于型芯和型腔造型的零件中的孔。
- 构建用于工业设计应用的曲面。
- 生成实体模型。
- 用于修补作为独立实体的特征或者合并这些特征。

单击【曲面】工具栏中的【填充曲面】按钮◈或者选择【插入】|【曲面】|【填充】菜单命令，系统弹出【填充曲面】属性管理器，如图 7-25 所示。

（1）【修补边界】选项组

【修补边界】选择框◈：定义所应用的修补边线。对于曲面或者实体边线，可以使用 2D 和 3D 草图作为修补的边界；对于所有草图边界，只可以设置【曲率控制】类型为【相触】。

【交替面】按钮：只在实体模型上生成修补时使用，用于控制修补曲率的反转边界面。

【曲率控制】下拉列表：在生成的修补上进行控制，可以在同一修补中应用不同的曲率控制，其选项如图 7-26 所示。

图 7-25　【填充曲面】属性管理器　　　　图 7-26　【曲率控制】下拉列表

【应用到所有边线】：可以将相同的曲率控制应用到所有边线。

【优化曲面】：用于对曲面进行优化，其潜在优势包括加快重建时以及当与模型中的其他特征一起使用时增强稳定性。

【显示预览】：以上色方式显示曲面填充预览。

（2）【约束曲线】选项组

【约束曲线】 ✍：在填充曲面时添加斜面控制，主要用于工业设计，可以使用如草图点或者样条曲线等草图实体生成约束曲线。

（3）【选项】选项组

【修复边界】：可以自动修复填充曲面的边界。

【合并结果】：如果边界至少有一个边线是开环薄边，那么启用此复选框，则可以用边线所属的曲面进行缝合。

【创建实体】：如果边界实体都是开环边线，可以启用此复选框生成实体。在默认情况下，此复选框以灰色显示。

【反向】：此复选框用于纠正填充曲面时不符合填充需要的方向。

（4）【曲率显示】选项组

设置【网格预览】、【斑马条纹】、【曲率检查梳形图】的模型显示。

7.3.3 延伸曲面

将现有曲面的边缘沿着切线方向进行延伸，形成的曲面称为延伸曲面。

图 7-27 【延伸曲面】
属性管理器

单击【曲面】工具栏中的【延伸曲面】按钮✍或者选择【插入】|【曲面】|【延伸曲面】菜单命令，系统弹出【延伸曲面】属性管理器，如图 7-27 所示。

（1）【拉伸的边线/面】选项组

【所选面/边线】选择框✍：在绘图区中选择延伸的边线或者面。

（2）【终止条件】选项组

【距离】：按照设置的【距离】数值✍确定延伸曲面的距离。

【成形到某一面】：在绘图区中选择某一面，将曲面延伸到指定的面。

【成形到某一点】：在绘图区中选择某一顶点，将曲面延伸到指定的点。

（3）【延伸类型】选项组

【同一曲面】：以原有曲面的曲率沿曲面的几何体进行延伸。

【线性】：沿指定的边线相切于原有曲面进行延伸。

7.3.4 剪裁曲面

可以使用曲面、基准面或者草图作为剪裁工具剪裁相交曲面，也可以将曲面和其他曲面配合使用，相互作为剪裁工具。

单击【曲面】工具栏中的【剪裁曲面】按钮✍（或者单击【插入】|【曲面】|【剪裁曲面】菜单命令），系统打开【剪裁曲面】属性管理器，如图 7-28 所示。

（1）【剪裁类型】选项组

【标准】：使用曲面、草图实体、曲线或者基准面等剪裁曲面。

【相互】：使用曲面本身剪裁多个曲面。

（2）【选择】选项组

【剪裁工具】选择框 ：在绘图区中选择曲面、草图实体、曲线或者基准面作为剪裁其他曲面的工具。

【保留选择】：设置剪裁曲面中选择的部分为要保留的部分。

【移除选择】：设置剪裁曲面中选择的部分为要移除的部分。

【保留的部分】选择框：在绘图区中选择保留的曲面。

（3）【曲面分割选项】选项组

【分割所有】：显示曲面中的所有分割。

【自然】：强迫边界边线随曲面形状变化。

【线性】：强迫边界边线随剪裁点的线性方向变化。

图 7-28　【剪裁曲面】属性管理器

7.3.5　替换面

利用新曲面实体替换曲面或者实体中的面，这种方式称为替换面。替换曲面实体不必与旧的面具有相同的边界。在替换面时，原来实体中的相邻面自动延伸并剪裁到替换曲面实体。

（1）替换曲面实体的类型

● 任何类型的曲面特征，如拉伸曲面、放样曲面等。

● 缝合曲面实体或者复杂的输入曲面实体。

通常情况下，替换曲面实体比要替换的面大。当替换曲面实体比要替换的面小的时候，替换曲面实体会自动延伸以与相邻面相交。

（2）替换曲面实体的使用方式

以一个曲面实体替换另一个或者一组相连的面；在单一操作中，用一个相同的曲面实体替换一组以上相连的面；在实体或者曲面实体中替换面。

单击【曲面】工具栏中的【替换面】按钮 或者选择【插入】|【面】|【替换】菜单命令，系统打开【替换面】属性管理器，如图 7-29 所示。

【替换的目标面】选择框 ：在绘图区中选择曲面、草图实体、曲线或者基准面作为要替换的面。

图 7-29　【替换面】属性设置

【替换曲面】选择框 ：选择替换曲面实体。

7.3.6　删除面

删除面是将存在的面删除并进行编辑。

图 7-30 【删除面】属性管理器

单击【曲面】工具栏中的【删除面】按钮 或者选择【插入】|【面】|【删除】菜单命令，系统打开【删除面】属性管理器，如图 7-30 所示。

（1）【选择】选择组

【要删除的面】选择框 ：在绘图区中选择要删除的面。

（2）【选项】选项组

【删除】：从曲面实体删除面或者从实体中删除一个或者多个面以生成曲面。

【删除并修补】：从曲面实体或者实体中删除一个面，并自动对实体进行修补和剪裁。

【删除并填补】：删除存在的面并生成单一面，可以填补任何缝隙。

7.4 设计范例

7.4.1 绘制物料箱范例

扫码看视频

> 本节范例文件：范例文件/第 7 章/7-1.SLDPRT
>
> 多媒体教学路径：多媒体教学→第 7 章→7.4.1 范例

范例分析

本范例是绘制一个物料箱的模型，首先使用拉伸曲面命令创建基本框架，再使用直纹曲面命令创建边缘，然后使用填充曲面命令创建底部，最后使用直纹曲面命令创建细节部分，得到最终模型。

范例操作

Step1 创建矩形草绘图形

① 单击【草图】工具栏中的【草图绘制】按钮 ，选择上视基准面，进行草图绘制，如图 7-31 所示。

② 单击【草图】工具栏中的【边角矩形】按钮 ，在上视基准面上绘制矩形草图。

Step2 创建拉伸曲面

① 单击【曲面】工具栏中的【拉伸曲面】按钮 ，设置拉伸曲面的参数，如图 7-32 所示。

② 创建拉伸曲面，得到物料箱主体框架。

图 7-31　绘制矩形

图 7-32　拉伸曲面

Step3 创建直纹曲面

① 单击【曲面】工具栏中的【直纹曲面】按钮 ，设置直纹曲面的参数，如图 7-33 所示。

② 创建直纹曲面，完成物料箱的边缘。

图 7-33　创建直纹曲面

Step4 创建填充曲面

①单击【曲面】工具栏中的【填充曲面】按钮 ◈ ，设置填充曲面的参数，如图 7-34 所示。

②创建填充曲面，完成物料箱底部的制作。

图 7-34 填充曲面

Step5 再次创建直纹曲面

①单击【曲面】工具栏中的【直纹曲面】按钮 ◈ ，设置直纹曲面的参数，如图 7-35 所示。

②创建直纹曲面完成物料箱细节制作。至此完成物料箱范例模型的全部制作，结果如图 7-36 所示。

图 7-35 创建直纹曲面

图 7-36　完成物料箱模型

7.4.2　绘制花瓶范例

扫码看视频

本节范例文件：范例文件/第 7 章/7-2.SLDPRT

多媒体教学路径：多媒体教学→第 7 章→7.4.2 范例

 范例分析

本范例是创建一个曲面较为复杂的花瓶，先在不同基准面上创建多个圆形，然后使用放样曲面创建瓶身，最后进行曲面的填充完成整个模型。

 范例操作

Step1 创建圆形草绘图形

①单击【草图】工具栏中的【草图绘制】按钮 ，选择上视基准面，进行草图绘制，如图 7-37 所示。

②单击【草图】工具栏中的【圆】按钮 ⊙，在上视基准面上绘制圆形草图。

图 7-37　绘制圆形

Step2 创建基准面 1

① 单击【特征】工具栏中的【基准面】按钮 ![],设置基准面参数,如图 7-38 所示。
② 在上视基准面上方创建基准面 1。

图 7-38　创建基准面 1

Step3 绘制第 2 个圆形

在基准面 1 上绘制第 2 个圆形,如图 7-39 所示。

图 7-39　绘制第 2 个圆形

Step4 创建基准面 2

① 单击【特征】工具栏中的【基准面】按钮 ![],设置基准面参数,如图 7-40 所示。
② 在上视基准面上方创建基准面 2。

Step5 绘制第 3 个圆形

在基准面 2 上绘制第 3 个圆形,如图 7-41 所示。

图 7-40　创建基准面 2

图 7-41　绘制第 3 个圆形

Step6 创建基准面 3

①单击【特征】工具栏中的【基准面】按钮 ，设置基准面参数，如图 7-42 所示。

②在上视基准面上方创建基准面 3。

图 7-42　创建基准面 3

Step7 绘制第 4 个圆形

在基准面 3 上绘制第 4 个圆形，如图 7-43 所示。

图 7-43　绘制第 4 个圆形

Step8 创建放样曲面

① 单击【曲面】工具栏中的【放样曲面】按钮，选择放样曲面的路径和截面，如图 7-44 所示。

② 创建放样曲面，完成花瓶瓶身的制作。

图 7-44　创建放样曲面

Step9 创建填充曲面

① 单击【曲面】工具栏中的【填充曲面】按钮，设置填充曲面的参数，如图 7-45 所示。

② 创建填充曲面，完成花瓶底部的制作。至此完成整个花瓶模型范例的制作，结果如图 7-46 所示。

图 7-45 填充曲面

图 7-46 花瓶模型

7.5 本章小结

　　本章介绍了曲线、曲面的设计和编辑方法。曲线和曲面是三维曲面造型的基础。曲线的生成结合了二维线条及特征实体。曲面的生成与特征的生成非常类似，但特征模型是具有厚度的几何体，而曲面模型是没有厚度的几何体。曲面编辑的方法包括圆角、填充、延伸、剪裁、替换和删除等命令。

第 8 章

焊件设计

在 SOLIDWORKS 2021 焊件设计模块中,可以将多种焊接类型的焊缝零件,添加到装配体中,生成的焊缝属于装配体特征,是关联装配体中生成的新装配体零件,因此,学习它是对装配体设计的一个有效补充。

本章将具体介绍焊件设计的基本操作方法,其中包括焊件轮廓和结构构件、添加焊缝,以及子焊件和工程图的内容,之后介绍焊件的切割清单。

8.1 焊件轮廓

创建焊件,需要生成焊件轮廓,以便在生成焊件结构构件时使用。生成焊件轮廓就是将轮廓创建为库特征零件,再将其保存于一个定义好的位置即可。

其具体创建方法如下:

(1)打开一个新零件。

(2)绘制轮廓草图。当用轮廓生成一个焊件结构构件时,草图的原点为默认穿透点(穿透点可以相对于生成结构构件所使用的草图线段,以定义轮廓上的位置),且可以选择草图中的任何顶点或草图点作为交替穿透点。

(3)选择所绘制的草图。

(4)选择【文件】|【另存为】菜单命令,打开【另存为】对话框。

(5)选择保存目录,在【保存类型】中选择"*.sldlfp",在【文件名】中输入名称,单击【保存】按钮。

8.2 结构构件

在零件中生成第一个结构构件时,【焊件】图标将被添加到【特征管理器设计树】中。

在【配置管理器】中生成两个默认配置，即一个父配置（默认"按加工"）和一个派生配置（默认"按焊接"）。

8.2.1　结构构件的属性种类

结构构件包含以下属性：

（1）结构构件都使用轮廓，如角铁等。

（2）轮廓由【标准】、【类型】及【大小】等属性识别。

（3）结构构件可以包含多个片段，但所有片段只能使用一个轮廓。

（4）分别具有不同轮廓的多个结构构件可以属于同一个焊接零件。

（5）在一个结构构件中的任何特定点处，只有两个实体才可以交叉。

（6）结构构件在【特征管理器设计树】中以【结构构件 1】、【结构构件 2】等名称显示。

（7）可以生成自己的轮廓，并将其添加到现有焊件轮廓库中。

（8）焊件轮廓位于软件安装目录。

（9）结构构件允许相对于生成结构构件所使用的草图线段，指定轮廓的穿透点。

（10）可以在【特征管理器设计树】中选择结构构件，并生成用于工程图中的切割清单。

8.2.2　结构构件的属性设置

单击【焊件】工具栏中的【结构构件】按钮，或者选择【插入】|【焊件】|【结构构件】菜单命令，系统打开【结构构件】属性管理器，如图 8-1 所示。

（1）【选择】选项组

【标准】：选择之前所定义的 iso、ansi inch 或自定义标准。

【类型（type）】：选择轮廓类型。

【大小】：选择轮廓大小。

【组】：可以在图形区域中选择一组草图实体。

（2）【设定】选项组

根据选择的【类型】不同，【设定】选项组会有所不同。如果希望添加多个结构构件，单击【路径线段】选择框，选择路径线段即可。

【路径线段】选择框：选择焊件的路径。

【旋转角度】：可以相对于相邻的结构构件按照固定度数进行旋转。

【找出轮廓】按钮：更改相邻结构构件之间的穿透点（默认穿透点为草图原点）。

图 8-1　【结构构件】
属性管理器

8.3　剪裁结构构件

创建结构构件后，可以用结构构件和其他实体剪裁结构构件，使其在焊件零件中正确对接。可以利用【剪裁/延伸】命令剪裁或延伸两个汇合的结构构件、一个或多个相对于另一实体的结构构件等。

8.3.1　剪裁/延伸的属性设置

单击【焊件】工具栏中的【剪裁/延伸】按钮 或者选择【插入】|【焊件】|【剪裁/延伸】菜单命令，系统打开【剪裁/延伸】属性管理器，如图8-2所示。

图8-2　【剪裁/延伸】属性管理器

（1）【边角类型】选项组

可以设置剪裁的边角类型，包括【终端剪裁】 、【终端斜接】 、【终端对接1】 、【终端对接2】 ，其效果如图8-3所示。

未剪裁　　　　终端剪裁　　　　终端斜接　　　　终端对接1　　　　终端对接2

图8-3　设置不同边角类型的效果

（2）【要剪裁的实体】选项组

对于【终端对接 1】 、【终端对接 2】 类型，选择要剪裁的一个实体。

对于【终端剪裁】 ，选择要剪裁的一个或者多个实体，

（2）【剪裁边界】选项组

当单击 【终端剪裁】按钮时，选择剪裁所相对的 1 个或者多个相邻面，

【面/平面】：使用平面作为剪裁边界。

【实体】：使用实体作为剪裁边界。

> **注意：**
>
> 选中【面/平面】单选按钮，选择平面作为剪裁边界，通常更有效且性能更好；只有在相当于如圆形管道或者阶梯式曲面等的非平面实体进行剪裁时，选中【实体】单选按钮，选择实体作为剪裁边界。

当单击【终端斜接】 、【终端对接 1】 、【终端对接 2】 边角类型按钮时，【剪裁边界】选项组如图 8-4 所示，选择剪裁所相对的一个相邻结构构件。

图 8-4 单击【终端斜接】按钮时的【剪裁边界】选项组

【预览】：在图形区域中预览剪裁。

【允许延伸】：允许结构构件进行延伸或者剪裁；取消启用该复选框，则只可以进行剪裁。

8.3.2 剪裁/延伸结构构件的操作步骤

剪裁/延伸结构构件的操作步骤如下。

（1）单击【焊件】工具栏中的【剪裁/延伸】按钮 ，或者选择【插入】|【焊件】|【剪裁/延伸】菜单命令，系统弹出【剪裁/延伸】属性管理器。

（2）在【边角类型】选项组中，单击【终端剪裁】按钮 ；在【要剪裁的实体】选项组中，单击【实体】选择框，在图形区域中选择要剪裁的实体，如图 8-5 所示；在【剪裁

边界】选项组中，单击【面/实体】选择框，在图形区域中选择作为剪裁边界的实体，如图 8-6 所示；在图形区域中显示出剪裁的预览，如图 8-7 所示，单击【确定】按钮☑。

图 8-5　选择要剪裁的实体　　　图 8-6　选择实体　　　图 8-7　剪裁预览

8.4　添加焊缝

焊缝在模型中显示为图形。焊缝是轻化单元，不会影响性能。下面介绍焊缝及圆角焊缝的添加方法。

8.4.1　焊缝简介

用户可以向焊件零件和装配体以及多实体零件添加简化焊缝。

（1）简化焊缝的优点

- 与所有类型的几何体兼容，包括带有缝隙的实体。
- 可以轻化显示简化的焊缝。
- 在使用焊接表的工程图中包含焊缝属性。
- 使用智能焊接工具为焊缝路径选择面。
- 焊缝符号与焊缝关联。
- 支持焊接路径（长度）定义的控标。
- 包含在属性管理器设计树的焊接文件夹中。

（2）焊接子文件夹的属性

此外，用户还可以设置焊接子文件夹的属性，这些属性如下。

- 焊接材料。
- 焊接工艺。
- 单位长度焊接质量。
- 单位质量焊接成本。
- 单位长度焊接时间。
- 焊道数。

8.4.2　焊缝的属性设置

图 8-8　【焊缝】属性管理器

进入焊件环境后，单击【焊件】工具栏中的【焊缝】按钮 ，或者选择【插入】|【焊件】|【圆角焊缝】菜单命令，打开如图 8-8 所示的【焊缝】属性管理器。

（1）【焊接路径】选项组

【选择面】选择框：选择要产生焊缝的面。

【智能焊接选择工具】按钮 ：单击该按钮，系统会自动根据所绘制的曲线在图形区域确定焊接面，选择焊接路径。

【新焊接路径】按钮：单击该按钮，创建新一组的焊接路径。

（2）【设定】选项组

【焊接选择】：在图形区域选择焊接面。其中【焊接几何体】可以选择几何体以创建焊缝；【焊接路径】可以选择边线/草图以创建焊缝。

【焊接起始点】 ：从要被焊接的单一实体中选择面和边线。

【焊接终止点】 ：从多个实体中选择面或边线，以指定与在"焊缝起始点"中选定的实体连接。

【焊缝大小】 ：输入焊缝的半径大小。

8.4.3　生成焊缝的操作步骤

生成焊缝的操作步骤如下。

（1）单击【焊件】工具栏中的【焊缝】按钮 ，或者选择【插入】|【焊件】|【焊缝】菜单命令，系统打开【焊缝】属性管理器。

（2）单击【设定】选项组中的【焊接选择】选择框，选择如图 8-9 所示的两个面为焊接面，设置【焊缝大小】为 5mm。

图 8-9　选择焊接面

（3）选中【两边】单选按钮，参数设置如图 8-10 所示，单击【确定】按钮，创建的焊缝如图 8-11 所示。

图 8-10　设置【焊缝】的属性　　　　　图 8-11　创建的焊缝

8.4.4　圆角焊缝的属性设置

可以在任何交叉的焊件实体（如结构构件、平板焊件或者角撑板等）之间添加全长、间歇或交错的圆角焊缝，圆角焊缝的属性设置如下。

选择【插入】|【焊件】|【圆角焊缝】菜单命令，系统打开【圆角焊缝】属性管理器，如图 8-12 所示。

（1）【箭头边】选项组

【焊缝类型】下拉列表：可以选择焊缝类型。

【焊缝大小】、【节距】：在设置【焊缝类型】为【间歇】或者【交错】时可用。

> 注意：
>
> 尽管面组必须选择平面，圆角焊缝在启用【切线延伸】复选框时，可以为面组选择非平面或者相切轮廓。

（2）【对边】选项组

其属性设置和【箭头边】选项组类似，如图 8-13 所示，在此不再赘述。

> 注意：
>
> 在设置【焊缝类型】为【交错】时，可以将圆角焊缝应用到对边。

图 8-12 【圆角焊缝】属性管理器　　　　　图 8-13 【对边】选项组

8.4.5　生成圆角焊缝的操作步骤

生成圆角焊缝的操作步骤如下。

（1）选择【插入】|【焊件】|【圆角焊缝】菜单命令，系统弹出【圆角焊缝】属性管理器。

（2）在【箭头边】选项组中，选择【焊缝类型】，设置【焊缝大小】数值，单击【第一组面】选择框，在图形区域中选择一个面组，如图 8-14 所示；单击【第二组面】选择框，在图形区域中选择一个交叉面组，如图 8-15 所示。

（3）在图形区域中沿交叉实体之间的边线显示圆角焊缝的预览。

> 🔔 **注意：**
> 系统会根据选择的【第一组面】和【第二组面】指定虚拟边线。

角撑板面

结构构件面

图 8-14　选择【第一组面】

结构构件面

平板焊件面

图 8-15　选择【第二组面】

（4）在【对边】选项组中，选择【焊缝类型】，设置【焊缝大小】的数值😊；单击【面组 1】选择框📦，在图形区域中选择一个面组，如图 8-16 所示；单击【第一组面】选择框📦，在图形区域中选择一个交叉面组，如图 8-17 所示。

角撑板面

结构构件面

图 8-16　选择【第一组面】

结构构件面

平板焊件面

图 8-17　选择【第二组面】

（5）单击【确定】按钮✔，在图形区域中沿交叉实体之间的边线，显示圆角焊缝的预览，如图 8-18 所示。

结构构件和角撑板之间的圆角焊缝　　　　　　结构构件和平板焊件之间的圆角焊缝

图 8-18　生成圆角焊缝

8.5　子焊件和焊件工程图

下面讲解子焊件和焊件工程图的相关内容。

8.5.1　子焊件

子焊件可以将复杂模型分为更容易管理的实体。子焊件包括列举在【特征管理器设计树】的【切割清单】 中的任何实体，包括结构构件、顶端盖、角撑板、圆角焊缝以及使用【剪裁/延伸】命令所剪裁的结构构件。

（1）在焊件模型的【特征管理器设计树】中，展开【切割清单】 。

（2）选择要包含在子焊件中的实体，可以使用键盘上的 Ctrl 键进行批量选择，所选实体在图形区域中呈高亮显示。

（3）用鼠标右键单击选择的实体，在弹出的快捷菜单中选择【生成子焊件】命令，如图 8-19 所示，包含所选实体的【子焊件】文件夹出现在【切割清单】 中。

（4）用鼠标右键单击【子焊件】文件夹，在弹出的快捷菜单中选择【插入到新零件】命令，如图 8-20 所示。子焊件模型在新的 SOLIDWORKS 窗口中打开，并弹出【另存为】对话框。

图 8-19　快捷菜单（一）　　　　　图 8-20　快捷菜单（二）

（5）设置【文件名】，并进行保存，在焊件模型中所做的更改扩展到子焊件模型中。

8.5.2 焊件工程图

焊件工程图属于图纸设计部分，将在工程图章节详细介绍。它包括整个焊件零件的视图、焊件零件单个实体的视图（即相对视图）、焊件切割清单、零件序号、自动零件序号、剖面视图的备选剖面线等。

所有配置在生成零件序号时均参考同一切割清单。即使零件序号是在另一视图中生成的，也会与切割清单保持关联。附加到整个焊件工程图视图中的实体零件序号，以及附加到只显示实体的工程图视图中同一实体的零件序号，具有相同的项目号。

如果将自动零件序号插入到焊件的工程图中，而该工程图不包含切割清单，则会提示是否生成切割清单。如果删除切割清单，所有与该切割清单相关零件序号的项目号都会变为1。

8.6 焊件切割清单

当第一个焊件特征被插入到零件中时，【注解】文件夹会重新命名为【切割清单】，以表示要包括在切割清单的项目中。

切割清单中所有焊件实体的选项在新的焊件零件中默认打开。如果希望关闭，用鼠标右键单击【切割清单】图标，在弹出的快捷菜单中取消选择【自动切割清单自动创建切割清单】命令，如图 8-21 所示。

8.6.1 生成切割清单

生成切割清单主要包括更新切割清单和制作焊缝。

（1）更新切割清单

在焊件零件的【特征管理器设计树】中，用鼠标右键单击【切割清单】图标，在弹出的快捷菜单中选择【更新】命令，如图 8-21 所示。相同项目在【切割清单】项目子文件夹中列组。

（2）制作焊缝

焊缝不包括在切割清单中，可以选择其他排除在外的特征。如果需要将特征排除在切割清单之外，可以用鼠标右键单击特征，在弹出的快捷菜单中选择【制作焊缝】命令，如图 8-22 所示。

8.6.2 保存切割清单

焊件切割清单包括项目号、数量及切割清单自定义属性。

图 8-21　切割清单快捷菜单

图 8-22　特征快捷菜单

用鼠标右键单击切割清单，在弹出的快捷菜单中选择【保存实体】命令，如图 8-23 所示。在弹出的【保存实体】属性管理器中，设置焊件信息，单击【确定】按钮☑进行保存，如图 8-24 所示。

图 8-23　选择【保存实体】命令

图 8-24　【保存实体】属性管理器

8.7　设计范例

8.7.1　绘制管架焊件范例

扫码看视频

　本节范例文件：范例文件/第 8 章/8-1.SLDPRT

　多媒体教学路径：多媒体教学→第 8 章→8.7.1 范例

　范例分析

本范例是绘制一个管架焊件，首先绘制模型骨架线条，之后创建结构构件并进行剪裁，最后创建焊缝。

范例操作

Step1 创建直线草图

①单击【草图】工具栏中的【草图绘制】按钮□，选择前视基准面，进行草图绘制，如图 8-25 所示。

②在前视基准面上绘制直线草图。

图 8-25　绘制直线图形

Step2 创建结构构件 1

①单击【焊件】工具栏中的【焊件】按钮⚙，进入焊件环境后，再单击【焊件】工具栏中的【结构构件】按钮⚙，设置结构构件的参数，如图 8-26 所示。

②根据上一步的草图创建结构构件 1。

图 8-26　创建结构构件 1

Step3 创建结构构件 2

①单击【焊件】工具栏中的【结构构件】按钮 ⑯ ，设置结构构件的参数，如图 8-27 所示。

②根据上一步的草图创建结构构件 2。

图 8-27　创建结构构件 2

提　示

剪裁焊件模型中的所有边角，以确定结构构件的长度可以被精确计算。

Step4 剪裁结构构件

①单击【焊件】工具栏中的【剪裁/延伸】按钮，设置剪裁参数，如图 8-28 所示。

②剪裁创建好的结构构件。

图 8-28　剪裁构件

Step5 创建构件焊缝

①单击【焊件】工具栏中的【焊缝】按钮，设置焊缝参数，如图 8-29 所示。

图 8-29　创建焊缝

②创建构件焊缝。至此，完成管架焊件范例模型的制作，结果如图 8-30 所示。

图 8-30　管架焊件模型

扫码看视频

8.7.2　绘制法兰盘焊件范例

本节范例文件：范例文件/第 8 章/8-2.SLDPRT

多媒体教学路径：多媒体教学→第 8 章→8.7.2 范例

　范例分析

本范例是创建一个法兰盘焊件模型，首先绘制草图，接着通过拉伸和拉伸切除命令创建法兰基体，然后创建结构构件并添加焊缝，最后进行拉伸切除完成模型。

　范例操作

Step1 创建圆形草图

①单击【草图】工具栏中的【草图绘制】按钮 🔲，选择上视基准面，进行草图绘制，如图 8-31 所示。

②在上视基准面上绘制圆形草图。

Step2 创建拉伸特征

①单击【特征】工具栏中的【拉伸凸台/基体】按钮 🔲，设置拉伸特征参数，如图 8-32 所示。

②对上一步绘制的圆形草图进行拉伸操作。

图 8-31　绘制圆形

图 8-32　拉伸凸台

Step3 绘制四个圆形

在上视基准面上再绘制四个圆形，如图 8-33 所示。

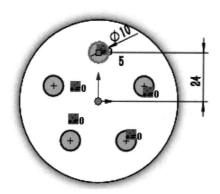

图 8-33　绘制圆形

Step4 创建拉伸切除特征

①单击【特征】工具栏中的【拉伸切除】按钮 ，设置拉伸切除特征参数，如图 8-34 所示。

②创建拉伸切除特征，得到法兰盘基体。

Step5 绘制直线

在前视基准面上绘制直线，如图 8-35 所示。

图 8-34　创建拉伸切除　　　　　　　图 8-35　绘制直线

Step6 创建结构构件

①单击【焊件】工具栏中的【焊件】按钮，进入焊件环境后，再单击【焊件】工具栏中的【结构构件】按钮，设置结构构件参数，如图 8-36 所示。

②根据上一步的草图创建结构构件。

图 8-36　创建结构构件

Step7 创建构件焊缝

①单击【焊件】工具栏中的【焊缝】按钮，设置焊缝参数，如图 8-37 所示。

②创建构件焊缝。

Step8 再次绘制圆形

再次绘制圆形，如图 8-38 所示。

图 8-37　创建焊缝　　　　　　　　　　　图 8-38　再次绘制圆形

Step9 创建拉伸切除特征

①单击【特征】工具栏中的【拉伸切除】按钮，设置拉伸切除特征参数，如图 8-39 所示。

图 8-39　创建拉伸切除

②创建拉伸切除特征，完成法兰盘焊件范例模型的制作，结果如图 8-40 所示。

图 8-40 法兰盘焊件模型

8.8 本章小结

通过本章的学习，读者可以掌握焊件设计的基本知识，如生成结构构件、剪裁结构构件、生成圆角焊缝、管理切割清单等，添加焊缝方便了以后的加工出图，请读者结合范例认真学习。

第 9 章
装配体设计

本 章 导 读

　　装配是 SOLIDWORKS 2021 的基本功能之一，装配体的首要功能是描述产品零件之间的配合关系，除此之外，装配模块还提供了干涉检查、爆炸视图、轴测剖视图、零部件压缩和装配统计轻化等功能。另外，本章还介绍了 SOLIDWORKS 2021 运动算例，它是一个与 SOLIDWORKS 完全集成的动画制作软件，其最大特点在于能够方便地制作出丰富的动画效果以演示产品的外观和性能，从而增强客户与企业之间的交流。

9.1　装配体设计的两种方式

　　装配体可以生成由许多零部件组成的复杂装配体，这些零部件可以是零件或者其他装配体，被称为子装配体。对于大多数操作而言，零件和装配体的行为方式是相同的。当在 SOLIDWORKS 2021 中打开装配体时，将查找零部件文件以便在装配体中显示，同时零部件中的更改将自动反映在装配体中。

9.1.1　插入零部件的属性设置

　　单击【装配体】工具栏中的【插入零部件】按钮 ，或者选择【插入】|【零部件】|【现有零件/装配体】菜单命令，在【插入零部件】属性管理器中选择装配体文件，如图 9-1 所示。
　　(1)【要插入的零件/装配体】选项组
　　单击【浏览】按钮，可打开现有零件文件。
　　(2)【选项】选项组
　　【生成新装配体时开始命令】：当生成新装配体时，选择以打开此属性设置。
　　【生成新装配体时自动浏览】：当生成新装配体时，选择进行模型查看。

【图形预览】：在绘图区中看到所选文件的预览。

【使成为虚拟】：使加载的零部件虚拟显示。

【封套】：透明显示零部件。

【显示旋转菜单关联工具栏】：在绘图区显示菜单关联辅助工具栏，如图 9-2 所示。

在绘图区中单击，将零件添加到装配体。可以固定零部件的位置，这样零部件就不能相对于装配体原点进行移动。在默认情况下，装配体中的第一个零部件是固定的，但是可以随时使之浮动。

图 9-1　【插入零部件】属性管理器

图 9-2　辅助工具栏

> 🔔 **注意：**
>
> 至少有一个装配体零部件是固定的，或者与装配体基准面（或者原点）具有配合关系，这样可以为其余的配合提供参考，而且可以防止零部件在添加配合关系时意外地被移动。

9.1.2　设计装配体的两种方法

装配体文件的创建方法如下。

（1）自下而上设计装配体

自下而上设计法是比较传统的方法。先设计并创建零件，然后将之插入装配体，接着使用配合来定位零件。若想更改零件，必须单独编辑零件，更改完成后可反映在装配体中。

自下而上设计法对于先前建造完成的零件，或者对于诸如金属器件、皮带轮、电动机等之类的标准零部件是优先技术，这些零件不根据设计而更改其形状和大小，除非选择不同的零部件。

（2）自上而下设计装配体

在自上而下装配体设计中，零件的一个或多个特征由装配体中的某项来定义，如布局草图或另一零件的几何体。设计意图（特征大小、装配体中零部件的放置，与其他零件靠近等）来自顶层（装配体）并下移（到零件中），因此称为"自上而下"。例如，当使用拉伸命令在塑料零件上生成定位销时，可选择成形到面选项并选择线路板的底面（不同零件）。该选择将使定位销长度刚好接触线路板，即使线路板在将来设计更改中移动。这样销钉的长度在装配体中定义，而不被零件中的静态尺寸所定义。

可使用一些或所有自上而下设计法中的某些方法：

单个特征可通过参考装配体中的其他零件而自上而下设计，如在上述定位销情形中。在自下而上设计中，零件在单独窗口中创建，此窗口中只可看到零件。然而，SOLIDWORKS也允许在装配体窗口中操作时编辑零件。这可供所有其他零部件的几何体参考之用（例如，复制或标注尺寸）。该方法对于大多是静态但具有某些与其他装配体零部件交界之特征的零件较有帮助。

完整零件可通过在关联装配体中，创建新零部件而以自上而下方法创建。用户所创建的零部件实际上附加（配合）到装配体中的另一现有零部件，用户所创建的零部件的几何体基于现有零部件。该方法对于像托架和器具之类的零件较有用，它们大多或完全依赖其他零件来定义其形状和大小。

整个装配体亦可自上而下设计，先通过创建定义零部件位置、关键尺寸等的布局草图。接着使用以上方法之一创建 3D 零件，这样 3D 零件遵循草图的大小和位置。草图的速度和灵活性可让在创建任何 3D 几何体之前快速尝试数个设计版本。在创建 3D 几何体后，草图也可以让用户进行更改。

9.2　装配体的干涉检查

在一个复杂装配体中，如果用视觉检查零部件之间是否存在干涉是件困难的事情，因此要用到干涉检查功能。

9.2.1　干涉检查的功能

在 SOLIDWORKS 中，装配体干涉检查的功能如下。

（1）决定零部件之间的干涉。

（2）显示干涉的真实体积为上色体积。

（3）更改干涉和不干涉零部件的显示设置以更好查看干涉。

（4）选择忽略需要排除的干涉，如紧密配合、螺纹扣件的干涉等。

（5）选择将实体之间的干涉包括在多实体零件中。

（6）选择将子装配体看成单一零部件，这样子装配体零部件之间的干涉将不报出。

（7）将重合干涉和标准干涉区分开。

9.2.2　干涉检查的属性设置

单击【装配体】工具栏中的【干涉检查】按钮🔧，或者选择【工具】|【干涉检查】菜单命令，系统打开【干涉检查】属性管理器，如图 9-3 所示。

（1）【所选零部件】选项组

【所选零部件】选择框：显示为干涉检查所选择的零部件。根据默认设置，除非预选了其他零部件，顶层装配体将出现在选择框中。当检查一个装配体的干涉情况时，其所有零部件都将被检查。如果选择单一零部件，将只报告涉及该零部件的干涉。如果选择两个或者多个零部件，则只报告所选零部件之间的干涉。

【计算】：单击此按钮，检查干涉情况。检测到的干涉显示在【结果】列表框中，干涉的体积数值显示在每个列举项的右侧，如图 9-4 所示。

图 9-3　【干涉检查】属性管理器

图 9-4　被检测到的干涉

（2）【结果】选项组

【忽略】、【解除忽略】：为所选干涉在【忽略】和【解除忽略】模式之间进行转换。如果设置干涉为【忽略】，则会在以后的干涉计算中始终保持在【忽略】模式中。

图 9-5 快捷菜单

【零部件视图】：按照零部件名称而非干涉标号显示干涉。

在【结果】选项组中，可以进行的操作包括：选择某干涉，使其在绘图区中以红色高亮显示；展开干涉以显示互相干涉的零部件的名称；用鼠标右键单击某干涉，在弹出的快捷菜单中选择【放大所选范围】命令，如图 9-5 所示，在绘图区中放大干涉；用鼠标右键单击某干涉，在弹出的快捷菜单中选择【忽略】命令；用鼠标右键单击某忽略的干涉，在弹出的快捷菜单中选择【解除忽略】命令。

（3）【选项】选项组

【视重合为干涉】：将重合实体报告为干涉。

【显示忽略的干涉】：显示在【结果】选项组中被设置为忽略的干涉。取消启用此复选框时，忽略的干涉将不被列举。

【视子装配体为零部件】：取消启用此复选框时，子装配体被看作单一零部件，子装配体零部件之间的干涉将不被报告。

【包括多体零件干涉】：报告多实体零部件中实体之间的干涉。

【使干涉零件透明】：以透明模式显示所选干涉的零部件。

【生成扣件文件夹】：将扣件（如螺母和螺栓等）之间的干涉隔离为在【结果】选项组中的单独文件夹。

【创建匹配的装饰螺纹线文件夹】：将匹配的装饰螺纹线隔离为单独文件夹。

【忽略隐藏实体/零部件】：不计算隐藏实体的干涉。

（4）【非干涉零部件】选项组

以所选模式显示非干涉的零部件，包括【线架图】、【隐藏】、【透明】、【使用当前项】。

9.3 装配体爆炸视图

出于制造的目的，经常需要分离装配体中的零部件以形象地分析它们之间的相互关系。装配体的爆炸视图可以分离其中的零部件以便查看该装配体。

一个爆炸视图由一个或者多个爆炸步骤组成，每一个爆炸视图保存在所生成的装配体配置中，而每一个配置都可以有一个爆炸视图。可以通过在绘图区中选择和拖动零部件的方式生成爆炸视图。

在爆炸视图中可以进行如下操作。

（1）自动均分爆炸成组的零部件（如硬件和螺栓等）。

（2）附加新的零部件到另一个零部件的现有爆炸步骤中。如果要添加一个零部件到已有爆炸视图的装配体中，这个方法很有用。

（3）如果子装配体中有爆炸视图，则可以在更高级别的装配体中重新使用此爆炸视图。

 注意：

在装配体爆炸视图中，不能添加配合。

9.3.1　爆炸视图的属性设置

单击【装配体】工具栏中的【爆炸视图】按钮，或者选择【插入】|【爆炸视图】菜单命令，系统弹出【爆炸】属性管理器，如图 9-6 所示。

（1）【爆炸步骤】列表框

【爆炸步骤】列表框中显示现有的爆炸步骤。其中的【爆炸步骤】框显示爆炸到单一位置的一个或者多个所选零部件。

（2）【添加阶梯】选项组

【爆炸步骤的零部件】选择框：显示当前爆炸步骤所选的零部件。

【爆炸方向】选择框：显示当前爆炸步骤所选的方向。

【反向】：改变爆炸的方向。

【爆炸距离】：显示当前爆炸步骤零部件移动的距离。

【旋转轴】选择框：选择零部件的旋转固定轴，可以使用【反向】按钮调整方向。

【旋转角度】：设置零部件的旋转度数。

（3）【选项】选项组

【拖动时自动调整零部件间距】：沿轴心自动均匀地分布零部件组的间距。

【调整零部件链之间的间距】：调整零部件之间的距离。

【选择子装配体零件】：启用此复选框，可以选择子装配体的单个零部件；取消启用此复选框，可以选择整个子装配体。

【显示旋转环】：在绘图区显示零部件旋转方向的环状体。

【重新使用子装配体爆炸】按钮：使用先前在所选子装配体中定义的爆炸步骤。

图 9-6　【爆炸】属性管理器

9.3.2　生成和编辑爆炸视图

下面介绍生成和编辑爆炸视图的方法。

（1）生成爆炸视图

● 单击【装配体】工具栏中的【爆炸视图】按钮，或者选择【插入】|【爆炸视图】菜单命令，系统打开【爆炸】属性管理器。

● 在绘图区或者【特征管理器设计树】中，选择一个或者多个零部件以将其包含在第一个爆炸步骤中，一个三重轴出现在绘图区中。零部件名称显示在【添加阶梯】选项组中的【爆炸步骤的零部件】选择框中。

● 将鼠标指针移动到指向零部件爆炸方向的三重轴臂杆上。

● 拖动三重轴臂杆以爆炸零部件，现有爆炸步骤显示在【爆炸步骤】列表框中。

可以拖动三重轴中心的球体，将三重轴移动至其他位置。如果将三重轴放置在边线或者面上，则三重轴的轴会对齐该边线或者面。

- 在【添加阶梯】选项组中，单击【完成】按钮，【爆炸步骤的零部件】选择框 被清除，并且为下一爆炸步骤做准备。
- 根据需要生成更多爆炸步骤，单击【确定】按钮 。

（2）自动调整零部件间距

- 选择两个或者更多零部件。
- 在【选项】选项组中，启用【拖动时自动调整零部件间距】复选框。
- 拖动三重轴臂杆以爆炸零部件。

当放置零部件时，其中一个零部件保持在原位，系统会沿着相同的轴自动调整剩余零部件的间距以使其相等。

可以更改自动调整的间距，在【选项】选项组中，移动 【调整零部件之间的间距】滑杆即可。

（3）在装配体中使用子装配体的爆炸视图

选择先前已经定义爆炸视图的子装配体；在【爆炸】属性管理器中，单击【重新使用子装配体爆炸】按钮，子装配体在绘图区中爆炸，且子装配体爆炸视图的步骤显示在【爆炸步骤】列表框中。

（4）编辑爆炸步骤

在【爆炸步骤】选项组中，用鼠标右键单击某个爆炸步骤，在弹出的快捷菜单中选择【编辑步骤】命令，根据需要进行以下修改。

- 拖动零部件以将它们重新定位。
- 选择零部件以添加到爆炸步骤。
- 更改【添加阶梯】选项组中的参数。
- 更改【选项】选项组中的参数。
- 单击【确定】按钮 以完成此操作。

（5）从【爆炸步骤】选项组中删除零部件

在【爆炸步骤】选项组中，展开某个爆炸步骤。用鼠标右键单击零部件，在弹出的快捷菜单中选择【删除】命令。

（6）删除爆炸步骤

在【爆炸步骤】选项组中，用鼠标右键单击某个爆炸步骤，在弹出的快捷菜单中选择【删除】命令。

9.3.3　爆炸与解除爆炸

爆炸视图保存在生成爆炸图的装配体配置中，每一个装配体配置都可以有一个爆炸视图。切换到【配置】管理器选项卡，展开【爆炸视图】图标以查看爆炸步骤，如图 9-7 所示。如果需要爆炸，可做如下操作：

（1）用鼠标右键单击【爆炸视图】图标，在弹出的快捷菜单中选择【爆炸】命令。

（2）用鼠标右键单击【爆炸视图】图标，在弹出的快捷菜单中选择【动画爆炸】命令，在装配体爆炸时显示【动画控制器】工具栏。

如果需要解除爆炸，用鼠标右键单击【爆炸视图】图标，在弹出的快捷菜单中选择【解除爆炸】命令，如图 9-8 所示。

图 9-7　【配置】管理器选项卡

图 9-8　【解除爆炸】命令

9.4　装配体轴测剖视图

隐藏零部件、更改零部件透明度等是观察装配体模型的常用手段，但在许多产品中零部件之间的空间关系非常复杂，具有多重嵌套关系，需要进行剖切才能便于观察其内部结构，借助 SOLIDWORKS 中的装配体特征可以实现轴测剖视图的功能。

装配体特征是在装配体窗口中生成的特征实体，虽然装配体特征改变了装配体的形态，但并不对零部件产生影响。装配体特征主要包括切除和孔，适用于展示装配体的剖视图。

9.4.1　轴测剖视图的属性设置

在装配体窗口中，选择【插入】|【装配体特征】|【切除】|【拉伸】菜单命令，系统弹出【切除-拉伸】属性管理器，如图 9-9 所示。

【特征范围】选项组通过选择特征范围以选择应包含在特征中的实体，从而应用特征到一个或者多个多实体零部件中。

图 9-9 【切除-拉伸】
属性管理器

（1）【所有零部件】：每次重新生成特征时，都要应用到所有的实体。如果将被特征所交叉的新实体添加到模型上，则这些新实体也被重新生成以将该特征包括在内。

（2）【所选零部件】：应用特征到选择的实体。

（3）【将特征传播到零件】：切除拉伸直到零部件部分。

（4）【自动选择】：当首先以多实体零部件生成模型时，特征将自动处理所有相关的交叉零部件。【自动选择】只处理初始清单中的实体，并不会重新生成整个模型。

（5）【影响到的零部件】选择框 （在取消启用【自动选择】复选框时可用）：在绘图区中选择受影响的实体。

9.4.2　轴测剖视图的操作步骤

制作轴测剖视图的操作步骤如下。

（1）在装配体模块，单击【草图】工具栏中的【矩形】按钮 ，在装配体的上表面绘制矩形草图。

（2）在装配体窗口中，选择【插入】|【装配体特征】|【切除】|【拉伸】菜单命令，系统打开【切除-拉伸】属性管理器；在【方向 1】选项组中，设置【终止条件】为【完全贯穿】，如图 9-10 所示；单击【确定】按钮 ，装配体将生成轴测剖视图，如图 9-11 所示。

图 9-10 【切除-拉伸】的属性设置

图 9-11　生成的轴测剖视图

9.5　复杂装配体中零部件的压缩状态

根据某段时间内的工作范围，可以指定合适的零部件压缩状态。这样可以减少工作时装入和计算的数据量。装配体的显示和重建速度会更快，也可以更有效地使用系统资源。

9.5.1　零部件状态的种类

装配体零部件共有 3 种状态。

（1）还原

该状态为装配体零部件的正常状态。完全还原的零部件会完全装入内存，可以使用其所有功能及模型数据，并可以完全访问、选取、参考、编辑、在配合中使用其实体。

（2）压缩

可以使用压缩状态暂时将零部件从装配体中移除（而不是删除），零部件不装入内存，也不再是装配体中有功能的部分，用户无法看到压缩的零部件，也无法选择这个零部件的实体。

压缩的零部件将从内存中移除，所以装入速度、重建模型速度和显示性能均有所提高，由于减少了复杂程度，其余的零部件计算速度会更快。

压缩零部件包含的配合关系也被压缩，因此装配体中零部件的位置可能变为"欠定义"，参考压缩零部件的关联特征也可能受影响，当恢复压缩的零部件为完全还原状态时，可能会产生矛盾，所以在生成模型时必须小心使用压缩状态的零部件。

（3）轻化

装配体中激活的零部件在完全还原或者轻化时可以装入装配体，零部件和子装配体都可以为轻化状态。

当零部件完全还原时，其所有模型数据被装入内存。

当零部件为轻化时，只有部分模型数据被装入内存，其余的模型数据根据需要装入。

通过使用轻化零部件，可以显著提高大型装配体的性能，将轻化的零部件装入装配体比将完全还原的零部件装入同一装配体速度更快，因为计算的数据少，包含轻化零部件的装配体重建速度也更快。

零部件的完整模型数据只有在需要时才被装入，所以轻化零部件的效率很高。只有受当前编辑进程中所作更改影响的零部件才被完全还原，对轻化零部件可以不还原而进行多项装配体操作，包括添加（或者移除）配合、干涉检查、边线（或者面）选择、零部件选择、碰撞检查、装配体特征、注解、测量、尺寸、截面属性、装配体参考几何体、质量属性、剖面视图、爆炸视图、高级零部件选择、物理模拟、高级显示（或者隐藏）零部件等。零部件状态的比较如表 9-1 所示。

表 9-1　零部件状态比较表

项目	还原	轻化	压缩	隐藏
装入内存	是	部分	否	是
可见	是	是	否	否
在【特征管理器设计树】中可以使用的特征	是	否	否	否
可以添加配合关系的面和边线	是	是	否	否
解出的配合关系	是	是	否	是

续表

项目	还原	轻化	压缩	隐藏
解出的关联特征	是	是	否	是
解出的装配体特征	是	是	否	是
在整体操作时考虑	是	是	否	是
可以在关联中编辑	是	是	否	否
装入和重建模型的速度	正常	较快	较快	正常
显示速度	正常	正常	较快	较快

9.5.2 压缩的方法

压缩的方法和操作步骤如下。

（1）在装配体窗口中，用鼠标右键单击【特征管理器设计树】中的零部件名称，弹出快捷菜单如图 9-12 所示。

（2）在弹出的快捷菜单中选择【压缩】命令↓📟，选择的零部件被压缩，如图 9-13 所示。

要被压缩的零部件

图 9-12 单击【压缩】按钮　　　　　　　　图 9-13 压缩零部件

（3）在绘图区中，也可以用鼠标右键单击零部件，弹出快捷菜单，如图 9-14 所示。

（4）选择【压缩】命令↓📟，则该零部件处于压缩状态，在绘图区中该零部件被隐藏，如图 9-15 所示。

要被压缩的零倍件

图 9-14 快捷菜单　　　　　　　　　　图 9-15 压缩零部件被隐藏

9.6　装配体的统计

装配体统计可以在装配体中生成零部件和配合报告。

9.6.1　装配体统计的信息

在装配体模块中，单击【装配体】工具栏中的【性能评估】按钮，弹出【性能评估】对话框，如图 9-16 所示。

图 9-16　【性能评估】对话框

9.6.2　生成装配体统计的方法

生成装配体统计的方法如下。

（1）打开如图 9-17 所示的轴装配体。在装配体窗口中，单击【装配体】工具栏中的【性能评估】按钮，弹出【性能评估】对话框，在绘图区显示性能评估结果，如图 9-18 所示。

图 9-17　轴装配体

图 9-18　评估结果

（2）在弹出的【性能评估】对话框中，单击【保存】按钮，保存统计结果，如图 9-19 所示。

图 9-19　保存装配体统计结果

9.7　装配体的轻化

9.7.1　轻化状态

当零部件完全还原时，其所有模型数据将装入内存。

当零部件为轻化时，只有部分模型数据装入内存，其余的模型数据根据需要装入。

使用轻化零部件，可以显著提高大型装配体的性能，使用轻化的零部件装入装配体比使用完全还原的零部件装入同一装配体速度更快，因为计算的数据更少，包含轻化零部件的装配体重建速度更快。

因为零部件的完整模型数据只有在需要时才装入，所以轻化零部件的效率很高。只有受当前编辑进程中所作更改影响的零部件才完全还原，可不对轻化零部件还原而进行以下装配体操作：添加/移除配合，干涉检查，边线/面/零部件选择，碰撞检查，装配体特征，注解，测量，尺寸，截面属性，装配体参考几何体，质量属性，剖面视图，爆炸视图，高级零部件选择，物理模拟，高级显示/隐藏零部件。

参考轻化零部件的还原零部件上的关联特征将自动更新。

整体操作包括质量特性、干涉检查、爆炸视图、高级选择和高级显示/隐藏、求解方程式、显示剖面视图以及输出为其他文件格式。

当输出为其他文件格式及当求解涉及轻化零部件的方程式时，软件将提示还原轻化零部件或取消操作。

轻化零部件在被选取进行此操作时会自动还原。

9.7.2　轻化零部件的方法

轻化零部件的方法和操作步骤如下。

（1）在装配体模块中，在【特征管理器设计树】中单击零部件名称或者在绘图区中选择零部件。

（2）选择【编辑】|【轻化】菜单命令，选择的零部件被轻化。

（3）也可以在【特征管理器设计树】中，用鼠标右键单击零部件名称，或者在绘图区中单击零部件，在弹出的快捷菜单中选择【设定为轻化】命令，如图 9-20 所示。

图 9-20　快捷菜单

9.8　制作动画

装配体的运动动画可以使用【新建运动算例】命令经常创建，方便进行装配体的运动展示。

9.8.1 动画设置

在装配体模块中，单击【装配体】工具栏中的【新建运动算例】按钮，弹出【运动算例】选项卡，在此选项卡中创建新的运动特征，如图 9-21 所示。

图 9-21 【运动算例】选项卡

9.8.2 制作装配体动画的方法

制作装配体动画的方法和操作步骤如下。

（1）在装配体模块中，单击【装配体】工具栏中的【新建运动算例】按钮，弹出【运动算例 1】选项卡。

（2）在【运动算例 1】选项卡中拖动零部件对应的时间节点到合适的时间位置，如图 9-22 所示。

图 9-22 设置时间节点

（3）单击【装配体】工具栏中的【移动零部件】按钮，移动零部件，如图 9-23 所示。

图 9-23　移动零部件

（4）依次拖动时间节点和使用【移动零部件】命令，创建新的动作；最后单击【运动算例 1】选项卡中的【播放】按钮 ▶，演示动画并保存，如图 9-24 所示。

图 9-24　动画演示

9.9　设计范例

9.9.1　电动机装配范例

扫码看视频

本节范例文件：范例文件/第 9 章/9-1-1.sldprt、9-1-2.sldprt、9-1-3.sldprt、9-1.SLDASM

多媒体教学路径：多媒体教学→第 9 章→9.9.1 范例

范例分析

本范例是进行电动机模型的装配，首先创建装配体文件并插入零部件，然后插入下一个零部件并进行装配定位，从而完成装配模型。

范例操作

Step1 插入零部件 1

①新建一个装配体文件，单击【装配图】工具栏中的【插入零部件】按钮，设置【开始装配体】参数，如图 9-25 所示。

②打开并放置零部件 1。

Step2 插入零部件 2

①单击【装配图】工具栏中的【插入零部件】按钮，设置【开始装配体】参数，如图 9-26 所示。

②打开并放置零部件 2。

图 9-25　插入零部件 1

图 9-26　插入零部件 2

Step3 设置配合约束 1

①单击【装配图】工具栏中的【配合】按钮，选择配合关系为"同轴心"，设置【同轴心 1】中的参数，如图 9-27 所示。

②设置零部件同轴心配合 1 的约束关系。

Step4 设置配合约束 2

①单击【装配图】工具栏中的【配合】按钮，选择配合关系为"同轴心"，设置【同轴心 2】中的参数，如图 9-28 所示。

② 设置零部件同轴心配合 2 的约束关系。

图 9-27 设置同轴心配合 1

图 9-28 设置同轴心配合 2

Step5 插入零部件 3

① 单击【装配图】工具栏中的【插入零部件】按钮 📑，设置【开始装配体】参数，如图 9-29 所示。

② 打开并放置零部件 3。

图 9-29　插入零部件 3

Step6 设置配合约束 3

① 单击【装配图】工具栏中的【配合】按钮，选择配合关系为"同轴心"，设置【同心 3】中的参数，如图 9-30 所示。

② 设置零部件同轴心配合 3 的约束关系。至此完成电动机装配范例，结果如图 9-31 所示。

图 9-30　设置同轴心配合 3　　　　　　　　图 9-31　电动机装配

9.9.2　链条装配范例

扫码看视频

本节范例文件：范例文件/第 9 章/9-2-1.sldprt、9-2-2.sldprt、9-2-3.sldprt、9-2.SLDASM

多媒体教学路径：多媒体教学→第 9 章→9.9.2 范例

范例分析

本范例是进行链条模型的装配，首先插入零部件并进行装配定位，然后进行镜向零部件操作，最后进行线性零部件阵列操作，完成链条装配模型。

范例操作

Step1 插入零部件 1

①新建一个装配体文件，单击【装配图】工具栏中的【插入零部件】按钮，设置【开始装配体】参数，如图 9-32 所示。

②打开并放置零部件 1。

Step2 插入零部件 2

①单击【装配图】工具栏中的【插入零部件】按钮，设置【开始装配体】参数，如图 9-33 所示。

②打开并放置零部件 2。

图 9-32 插入零部件 1

图 9-33 插入零部件 2

Step3 设置配合约束 1

①单击【装配图】工具栏中的【配合】按钮，选择配合关系为"同轴心"，设置【同轴心 1】中的参数，如图 9-34 所示。

②设置零部件同轴心配合的约束关系。

Step4 设置配合约束 2

①单击【装配图】工具栏中的【配合】按钮，选择配合关系为"重合"，设置【重合 1】中的参数，如图 9-35 所示。

②设置零部件重合面 1 的约束关系。

图 9-34　设置同心配合

图 9-35　设置重合面 1

Step5 插入零部件 3

①单击【装配图】工具栏中的【插入零部件】按钮 🗗，设置【开始装配体】参数，如图 9-36 所示。

②打开并放置零部件 2。

图 9-36　插入零部件 3

Step6 设置配合约束 3

①单击【装配图】工具栏中的【配合】按钮 ◎，选择配合关系为"重合"，设置【重合 2】中的参数，如图 9-37 所示。

②设置零部件重合面 2 的约束关系。

图 9-37　设置重合面 2

Step7 创建基准面

单击【装配图】工具栏中的【基准面】按钮 ，基于前视基准面创建基准面，如图 9-38 所示。

图 9-38 创建基准面

Step8 创建镜向零部件

① 单击【装配图】工具栏中的【镜向零部件】按钮，设置的镜向零部件参数，如图 9-39 所示。

② 选择零部件 1 和零部件 3 进行镜向零部件操作。

图 9-39 镜向零部件

Step9 创建阵列零部件 1

① 单击【装配图】工具栏中的【线性零部件阵列】按钮，设置线性阵列参数，如图 9-40 所示。

② 选择零部件 2 进行阵列零部件操作。

图 9-40　创建线性阵列 1

Step10 创建阵列零部件 2

①单击【装配图】工具栏中的【线性零部件阵列】按钮 ⚏⚏，设置线性阵列参数，如图 9-41 所示。

②选择所有零部件进行阵列零部件操作。至此完成链条装配范例制作，结果如图 9-42 所示。

图 9-41　创建线性阵列 2

图 9-42　链条装配

9.10　本章小结

在 SOLIDWORKS 2021 中，可以生成由许多零部件组成的复杂装配体。装配体的零部件可以包括独立零部件和其他子装配体。灵活运用装配体中的干涉检查、爆炸视图、轴测剖视图、压缩状态和装配统计等功能，可以有效地判断零部件在虚拟现实中的装配关系和干涉位置等，为装配体的设计提供很好的帮助。

第10章
钣金设计

本 章 导 读

　　钣金类零件结构简单，应用广泛，多用于各种产品的机壳和支架部分。SOLIDWORKS 2021软件具有功能强大的钣金建模功能，使用户能方便地建立钣金模型。

　　本章将讲解钣金模块的各种功能，首先介绍钣金的基本术语，之后介绍钣金特征的两类创建方法，钣金设计包括钣金的零件设计、编辑钣金特征和使用钣金成形工具，使用钣金成形工具需要创建成形零件。

10.1　基本术语

　　在钣金零件设计中经常涉及一些术语，包括折弯系数、折弯系数表、K 因子和折弯扣除等。

10.1.1　折弯系数

　　折弯系数是沿材料中性轴所测得的圆弧长度。在生成折弯时，可输入数值以指定明确的折弯系数给任何一个钣金折弯。

　　以下方程式用来决定使用折弯系数数值时的总平展长度。

$$L_t = A + B + BA$$

　　式中：L_t 表示总平展长度；A 和 B 的含义如图 10-1 所示；BA 表示折弯系数值。

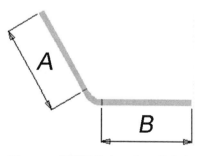

图 10-1　折弯系数中 A 和 B 的含义

10.1.2　折弯系数表

折弯系数表指定钣金零件的折弯系数或折弯扣除数值。折弯系数表还包括折弯半径、折弯角度以及零件厚度的数值。有两种折弯系数表可供使用，一是带有 BTL 扩展名的文本文件，二是嵌入的 Excel 电子表格。

10.1.3　K 因子

K 因子代表中立板相对于钣金零件厚度的位置的比率。带 K 因子的折弯系数使用以下计算公式。

$$BA=\prod(R+KT)A/180$$

式中：BA 表示折弯系数值；R 表示内侧折弯半径；K 表示 K 因子；T 表示材料厚度；A 表示折弯角度（经过折弯材料的角度）。

10.1.4　折弯扣除

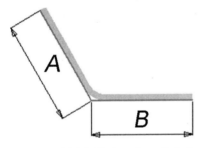

图 10-2　折弯扣除中 A 和 B 的含义

折弯扣除，通常是指回退量，也是一个通过简单算法来描述钣金折弯的过程。在生成折弯时，可以通过输入数值来给任何钣金折弯指定一个明确的折弯扣除。

以下方程用来决定使用折弯扣除数值时的总平展长度：

$$L_t=A+B-BD$$

式中：L_t 表示总平展长度；A 和 B 的含义如图 10-2 所示；BD 表示折弯扣除值。

10.2　钣金特征设计

生成钣金特征有两种方法，一是利用钣金工具直接生成，二是用零件进行转换。

10.2.1　利用钣金工具

下面的三个特征分别代表钣金的三个基本操作，这些特征位于钣金的【特征管理器设计树】中。

（1）钣金：包含了钣金零件的定义，此特征保存了整个零件的默认折弯参数信息，如折弯半径、折弯系数、自动切释放槽（预切槽）比例等。

（2）基体-法兰：钣金零件的第一个实体特征，包括深度和厚度等信息。

（3）平板型式 ：默认情况下，平板型式特征是被压缩的，因为零件是处于折弯状态下。若想平展零件，用鼠标右键单击平板型式，然后选择【解除压缩】命令。当平板型式特征被压缩时，在特征管理器设计树中，新特征均自动插入到平板型式特征上方，当平板型式特征解除压缩后，在特征管理器设计树中，新特征插入到平板型式特征下方，并且不在折叠零件中显示。

10.2.2　零件转换为钣金

首先生成一个零件，然后使用【钣金】工具栏中的【插入折弯】按钮 生成钣金。在【特征管理器设计树】中有三个特征，这三个特征分别代表钣金的三个基本操作。

（1）【钣金】 ：包含了钣金零件的定义，此特征保存了整个零件的默认折弯参数信息（厚度、折弯半径、折弯系数、自动切释放槽比例和固定实体等）。

（2）【展开】 代表展开的零件，此特征包含将尖角或圆角转换成折弯的有关信息。每个由模型生成的折弯作为单独的特征列出在展开的折弯下，由圆角边角、圆柱面和圆锥面形成的折弯作为圆角折弯列出；由尖角边角形成的折弯作为尖角折弯列出。展开折弯中列出的尖角草图，包含由系统生成的所有尖角和圆角折弯的折弯线。

（3）【折叠】 代表将展开的零件转换成成形零件的过程，由在展开零件中指定的折弯线所生成的折弯列出在此特征中。加工折弯下列出的平面草图是这些折弯线的占位符，特征管理器设计树中加工折弯图标后列出的特征，不会在零件展开视图中出现。

10.3　钣金零件设计

有两种基本方法可以生成钣金零件，一是利用钣金命令直接生成，二是用设计实体进行转换。

10.3.1　基体法兰

基体法兰钣金件是使用特定的钣金命令生成钣金零件的第一种方法。

当基体法兰被添加到 SOLIDWORKS 的零件后，系统会将该零件标记为钣金零件，在适当位置生成折弯，并且在【特征管理器设计树】中显示特定的钣金特征。

单击【钣金】工具栏中的【基体法兰/薄片】按钮 或者选择【插入】|【钣金】|【基体法兰】菜单命令，系统弹出【基体法兰】属性管理器，如图 10-3 所示。

（1）【钣金规格】选项组

根据指定的材料，启用【使用规格表】复选框定义钣金的电子表格及数值。规格表由 SOLIDWORKS 2021 软件提供，位于安装目录中。

（2）【钣金参数】选项组

主要包括以下两个参数。

【厚度】参数：用来设置钣金厚度。

【反向】参数：设置以相反方向加厚草图。

（3）【折弯系数】选项组

【折弯系数】选项组包含【K 因子】、【折弯系数】、【折弯扣除】、【折弯系数表】、【折弯计算】选项，如图 10-4 所示。

图 10-3 【基体法兰】属性管理器　　　图 10-4 【折弯系数】列表

图 10-5 自动切释放槽
类型选项

（4）【自动切释放槽】选项组

在自动切释放槽类型中选择【矩形】或者【矩圆形】选项，其参数如图 10-5 所示。取消启用【使用释放槽比例】复选框，则可以设置【释放槽宽度】和【释放槽深度】。

10.3.2　边线法兰

在一条或者多条边线上可以添加边线法兰。单击【钣金】工具栏中的【边线法兰】按钮，或者选择【插入】|【钣金】|【边线法兰】菜单命令，系统弹出【边线-法兰 1】属性管理器，如图 10-6 所示。

（1）【法兰参数】选项组

【边线】选择框：在图形区域中选择边线。

【编辑法兰轮廓】按钮：编辑轮廓草图。

【使用默认半径】：可以使用系统默认的半径。

【折弯半径】：在取消启用【使用默认半径】复选框时可用。

【缝隙距离】：设置缝隙数值。

（2）【角度】选项组

【法兰角度】 ：设置角度数值。

【选择面】选择框 ：为法兰角度选择参考面。

（3）【法兰长度】选项组

【长度终止条件】：选择终止条件，有【给定深度】和【成形到一顶点】两种。

【反向】 ：改变法兰边线的方向。

【长度】 ：设置长度数值，然后为测量选择一个原点，包括【外部虚拟交点】 、【双弯曲】 和【内部虚拟交点】 。

（4）【法兰位置】选项组

【法兰位置】：可以单击以下按钮之一，包括【材料在内】按钮 、【材料在外】按钮 、【折弯在外】按钮 、【虚拟交点的折弯】按钮 、【与折弯相切】按钮 。

【剪裁侧边折弯】：移除邻近折弯的多余部分。

【等距】：启用该复选框，可以生成等距法兰。

（5）【自定义折弯系数】选项组

【自定义折弯系数】选项组，如图 10-7 所示；选择折弯系数类型并为折弯系数设置数值，折弯系数类型下拉列表如图 10-8 所示。

图 10-6 【边线-法兰 1】属性管理器

图 10-7 【边线-法兰 1】其他参数

（6）【自定义释放槽类型】选项组

选择释放槽类型以添加释放槽切除，释放槽类型下拉列表如图 10-9 所示。

图 10-8　折弯系数类型选项　　　　图 10-9　释放槽类型选项

10.3.3　斜接法兰

单击【钣金】工具栏中的【斜接法兰】按钮 ，或者选择【插入】|【钣金】|【斜接法兰】菜单命令，系统弹出【斜接法兰】属性管理器，如图 10-10 所示。

（1）【斜接参数】选项组

【沿边线】选择框 ：选择要斜接的边线。

其他参数不再赘述。

（2）【启始/结束处等距】选项组（"启始"为软件显示，应为"开始"）。

如果需要斜接法兰跨越模型的整个边线，将【开始等距距离】 和【结束等距距离】 设置为零。

10.3.4　其他生成钣金零件的方法

其他生成钣金零件的方法还包括褶边、绘制的折弯、闭合角、转折和断开边角等，下面分别介绍。

（1）褶边

褶边可以被添加到钣金零件的所选边线上。单击【钣金】工具栏中的【褶边】按钮 ，或者选择【插入】|【钣金】|【褶边】菜单命令，系统弹出【褶边】属性管理器，如图 10-11 所示。

图 10-10　【斜接法兰】属性管理器

图 10-11　【褶边】属性管理器

褶边的创建原则为：所选边线必须为直线；斜接边角被自动添加到交叉褶边上；如果选择多个要添加褶边的边线，则这些边线必须在同一面上。

● 【边线】选项组

【边线】选择框 🔧：在图形区域中选择需要添加褶边的边线。

● 【类型和大小】选项组

选择褶边类型，包括【闭合】🔲、【打开】🔲、【撕裂形】🔲和【滚轧】🔲，选择不同类型的效果如图 10-12 所示。

闭合　　　　　　　　　打开

撕裂形　　　　　　　　滚轧

图 10-12　不同褶边类型的效果

在选项组中的各参数设置如下。

【长度】🔧：在选择【闭合】和【打开】类型时可用。

【缝隙距离】🔧：在选择【打开】类型时可用。

【角度】🔧：在选择【撕裂形】和【滚轧】类型时可用。

【半径】🔧：在选择【撕裂形】和【滚轧】类型时可用。

（2）绘制的折弯

绘制的折弯在钣金零件处于折叠状态时，将折弯线添加到零件，使折弯线的尺寸标注到其他折叠的几何体上。

单击【钣金】工具栏中的【绘制的折弯】按钮📖，或者选择【插入】|【钣金】|【绘制的折弯】菜单命令，系统弹出【绘制的折弯】属性管理器，如图 10-13 所示。

【固定面】选择框 🔧：在图形区域中选择一个不因为特征而移动的面。

图 10-13　【绘制的折弯】属性管理器

【折弯位置】：包括【折弯中心线】🔳、【材料在内】🔳、【材料在外】🔳和【折弯在外】🔳。

（3）闭合角

可以在钣金法兰之间添加闭合角。

单击【钣金】工具栏中的【闭合角】按钮🔲，或者选择【插入】|【钣金】|【闭合角】菜单命令，系统弹出【闭合角】属性管理器，如图 10-14 所示。

【要延伸的面】选择框🔲：选择一个或者多个平面。

【边角类型】：可以选择边角类型，包括【对接】🔲、【重叠】🔲、【欠重叠】🔲。

【缝隙距离】🔧：设置缝隙数值。

【重叠/欠重叠比率】 ：设置比率数值。

（4）转折

转折通过从草图线生成两个折弯而将材料添加到钣金零件上。

单击【钣金】工具栏中的【转折】按钮，或者选择【插入】|【钣金】|【转折】菜单命令，系统弹出【转折】属性管理器，如图 10-15 所示。

其属性设置和折弯类似，此处不再赘述。

图 10-14 【闭合角】属性管理器

图 10-15 【转折】属性管理器

（5）断开边角

单击【钣金】工具栏中的【断开边角/边角剪裁】按钮，或者选择【插入】|【钣金】|【断裂边角】菜单命令，系统弹出【断开边角】属性管理器，如图 10-16 所示。

【边角边线和/或法兰面】选择框 ：选择要断开的边角、边线或者法兰面。

【折断类型】：可以选择折断类型，包括【倒角】、【圆角】，选择不同类型的效果如图 10-17 所示。

【距离】 ：在单击【倒角】按钮时可用。

【半径】 ：在单击【圆角】按钮时可用。

图 10-16 【断开边角】属性管理器

倒角　　　　　　　　圆角

图 10-17 不同折断类型的效果

10.3.5 实体转换为钣金

下面介绍实体转换为钣金的方法。

（1）使用折弯生成钣金零件

单击【钣金】工具栏中的【插入折弯】按钮，或者选择【插入】|【钣金】|【折弯】菜单命令，系统弹出【折弯】属性管理器，如图 10-18 所示。

● 【折弯参数】选项组

使用【固定的面或边线】选择框选择模型上的固定面，当零件展开时该固定面的位置保持不变。

● 【切口参数】选项组

使用【要切口的边线】选择框选择内部或者外部边线，也可以选择线性草图实体。

（2）添加薄壁特征到钣金零件

添加薄壁特征到钣金零件的操作方法如下。

● 首先在零件上选择一个草图，然后选择需要添加薄壁特征的平面上的线性边线，并单击【草图】工具栏中的【转换实体引用】按钮；

● 移动距折弯最近的顶点至一定距离，留出折弯半径；

● 单击【特征】工具栏中的【拉伸凸台/基体】按钮，系统弹出【凸台-拉伸】属性管理器；在【方向 1】选项组中，选择【终止条件】为【给定深度】，设置【深度】数值；在【薄壁特征】选项组中，设置【厚度】数值与钣金基体零件相同；单击【确定】按钮。

图 10-18 【折弯】属性管理器

（3）生成包含圆锥面的钣金零件

生成包含圆锥面钣金零件的操作方法如下。

● 单击【钣金】工具栏中的【插入折弯】按钮，或者选择【插入】|【钣金】|【折弯】菜单命令，系统弹出【折弯】属性管理器；

● 在【折弯参数】选项组中，单击【固定的面或边线】选择框，在图形区域中选择圆锥面一个端面的一条线性边线作为固定边线；

● 设置【折弯半径】；在【折弯系数】选项组中，选择【折弯系数】类型并进行设置。

注意：

如果生成一个或者多个包含圆锥面的钣金零件，必须选择 K 因子作为折弯系数类型。所选择的折弯系数类型及为折弯半径、折弯系数和自动切释放槽设置的数值会成为下一个新生成的钣金零件的默认设置。

10.4 编辑钣金特征

下面讲解几种主要的编辑钣金特征的方法。

10.4.1 切口

切口特征通常用于生成钣金零件，但可以将切口特征添加到任何零件上。

单击【钣金】工具栏中的【切口】按钮，或者选择【插入】|【钣金】|【切口】菜单命令，系统弹出【切口】属性管理器，如图 10-19 所示。其属性设置不再赘述。

生成切口特征的原则如下：

（1）沿所选内部或者外部模型边线生成切口。

（2）从线性草图实体上生成切口。

（3）通过组合模型边线在单一线性草图实体上生成切口。

10.4.2 展开

在钣金零件中，单击【钣金】工具栏中的【展开】按钮，或者选择【插入】|【钣金】|【展开】菜单命令，系统弹出【展开】属性管理器，如图 10-20 所示。

（1）【固定面】选择框：在图形区域中选择一个不因为特征而移动的面。

（2）【要展开的折弯】选择框：选择一个或者多个折弯。

其他属性设置不再赘述。

图 10-19 【切口】属性管理器　　　　图 10-20 【展开】属性管理器

10.4.3 折叠

单击【钣金】工具栏中的【折叠】按钮，或者选择【插入】|【钣金】|【折叠】菜单命令，系统弹出【折叠】属性管理器，如图 10-21 所示。

（1）【固定面】选择框：在图形区域中选择一个不因为特征而移动的面。

（2）【要折叠的折弯】选择框 ：选择一个或者多个折弯。

其他属性设置不再赘述。

10.4.4　放样折弯

在钣金零件中，放样折弯使用由放样连接的两个开环轮廓草图，基体法兰特征不与放样折弯特征一起使用。SOLIDWORKS 中包含多个以放样的折弯生成的预制钣金零件，位于安装目录中。

单击【钣金】工具栏中的 【放样折弯】按钮，或者选择【插入】|【钣金】|【放样的折弯】菜单命令，系统弹出【放样折弯】属性管理器，如图 10-22 所示。

【折弯线数量】：为控制平板型式折弯线的粗糙度设置数值。

其他属性设置不再赘述。

图 10-21　【折叠】属性管理器　　　　图 10-22　【放样折弯】属性管理器

10.5　使用钣金成形工具

成形工具可以用作折弯、伸展或者成形钣金的冲模，生成一些成形特征，例如百叶窗、矛状器具、法兰和筋等，这些工具存储在软件安装目录中。可以从【设计库】中插入成形工具，并将之应用到钣金零件。生成成形工具的许多步骤与生成 SOLIDWORKS 零件的步骤相同。

10.5.1　成形工具的属性设置

可以创建新的成形工具，并将它们添加到钣金零件中。生成成形工具时，可以添加定位草图以确定成形工具在钣金零件上的位置，并应用颜色以区分停止面和要移除的面。

单击【钣金】工具栏中的【成形工具】按钮🍄，或者选择【插入】|【钣金】|【成形工具】菜单命令，系统弹出【成形工具】属性管理器，如图 10-23 所示。

其属性设置不再赘述。

10.5.2 定位成形工具操作方法

在【成形工具】属性管理器中，打开【插入点】选项卡，可以使用草图工具在钣金零件上定位成形工具，如图 10-24 所示。

（1）在钣金零件的一个面上绘制任何实体（如构造性直线等），从而使用尺寸和几何关系帮助定位成形工具。

（2）在【设计库】任务窗口中，选择工具文件夹。

（3）选择成形工具，将其拖动到需要定位的面上释放鼠标，成形工具被放置在该面上，设置【放置成形特征】对话框中的参数。

（4）使用【智能尺寸】🕊️等草图命令定位成形工具，单击【确定】按钮。

图 10-23 【成形工具】属性管理器

图 10-24 【插入点】选项卡

10.5.3 设计库成形工具操作方法

在 SOLIDWORKS 2021 中，还可以使用【设计库】中的成形工具生成钣金零件，操作方法如下。

（1）打开钣金零件，在任务窗口中切换到【设计库】选项卡🗑️，选择工具文件夹，如图 10-25 所示。

（2）选择成形工具，将其从【设计库】任务窗口中拖到需要改变形状的面上。

（3）按键盘上的 Tab 键改变其方向到材质的另一侧，如图 10-26 所示。

（4）将特征拖动至要应用的位置，设置【放置成形特征】对话框中的参数。

（5）使用【智能尺寸】等🕊️草图命令定义成形工具，最后单击【确定】按钮。

图 10-25　选择工具文件夹

图 10-26　改变方向

10.6　设计范例

10.6.1　制作箱盖钣金件范例

扫码看视频

本节范例文件：范例文件/第 10 章/10-1.SLDPRT

多媒体教学路径：多媒体教学→第 10 章→10.6.1 范例

范例分析

本范例是创建一个箱盖钣金件模型，首先绘制草图，使用基体/法兰命令创建钣金基体，再创建折线法兰和边线法兰，并使用镜向命令创建对称特征；最后创建拉伸特征。

范例操作

Step1 创建矩形草图

① 单击【草图】工具栏中的【草图绘制】按钮，选择前视基准面，进行草图绘制，如图 10-27 所示。

② 在前视基准面上绘制矩形草图。

图 10-27　绘制矩形

Step2 创建基体法兰

①单击【钣金】工具栏中的【基体法兰/薄片】按钮🔰，设置基体法兰参数，如图 10-28 所示。

②利用矩形草图创建基体法兰。

图 10-28　创建基体法兰

Step3 创建钣金褶边

①单击【钣金】工具栏中的【褶边】按钮🔊，设置褶边参数，如图 10-29 所示。

②创建钣金褶边，形成箱盖基体。

Step4 绘制圆形

绘制圆形草图，如图 10-30 所示。

图 10-29 创建褶边   图 10-30 绘制圆形

Step5 创建拉伸切除特征

①单击【特征】工具栏中的【拉伸切除】按钮，设置拉伸切除特征的参数，如图 10-31 所示。

②创建拉伸切除特征，形成孔。

图 10-31 创建拉伸切除

Step6 创建线性阵列特征

①单击【特征】工具栏中的【线性阵列】按钮，设置线性阵列特征的参数，如图 10-32 所示。

②创建线性阵列特征，完成箱盖钣金件范例模型制作，结果如图 10-33 所示。

图 10-32　创建线性阵列

图 10-33　箱盖钣金件模型

扫码看视频

10.6.2　制作推板钣金件范例

 本节范例文件：范例文件/第 10 章/10-2.SLDPRT

多媒体教学路径：多媒体教学→第 10 章→10.6.2 范例

 范例分析

　　本范例是创建一个推板钣金件模型，首先绘制草图，使用基体/法兰命令创建钣金基体，再创建折线法兰和边线法兰，并使用镜向命令创建对称特征；最后创建拉伸特征。

Step1 创建矩形草图

① 单击【草图】工具栏中的【草图绘制】按钮 □ ，选择上视基准面，进行草图绘制，如图 10-34 所示。

② 在上视基准面上绘制矩形草图。

图 10-34   绘制矩形

Step2 创建基体法兰

① 单击【钣金】工具栏中的【基体法兰/薄片】按钮 ∪ ，设置基体法兰参数，如图 10-35 所示。

② 利用矩形草图创建基体法兰。

图 10-35   创建基体法兰

Step3 创建边线法兰

① 单击【钣金】工具栏中的【边线法兰】按钮 ◣ ，设置边线法兰的参数，如图 10-36 所示。

② 创建边线法兰，形成推板体。

Step4 绘制矩形

继续绘制两个矩形，如图 10-37 所示。

图 10-36　创建边线法兰　　　　　　图 10-37　绘制矩形

Step5 创建拉伸切除特征

① 单击【特征】工具栏中的【拉伸切除】按钮 ▣ ，设置拉伸切除特征的参数，如图 10-38 所示。

② 创建拉伸切除特征修剪板子。

Step6 绘制圆形

绘制两个同心圆形，如图 10-39 所示。

图 10-38　创建拉伸切除　　　　　　图 10-39　绘制圆形

Step7 再次创建基体法兰

① 单击【钣金】工具栏中的【基体法兰/薄片】按钮 ⬇ ，设置基体法兰参数，如图 10-40 所示。

② 利用同心圆草图创建基体法兰，完成推板钣金件范例模型制作，结果如图 10-41 所示。

图 10-40　再次创建基体法兰

图 10-41　推板钣金件模型

10.7　本章小结

　　本章介绍了有关钣金的基本术语、建立钣金和编辑钣金的方法，以及使用钣金成形工具的方法，最后结合具体实例讲解了建立钣金零件的步骤。熟练使用钣金工具和钣金成形工具可以设计结构复杂的钣金零件，希望读者能够认真掌握。

第 11 章

工程图设计

本 章 导 读

　　工程图用来表达三维模型的二维图样，通常包含一组视图、完整的尺寸、技术要求、标题栏等内容。在工程图设计中，可以利用 SOLIDWORKS 设计的实体零件和装配体直接生成所需视图，也可以基于现有的视图生成新的视图。

　　工程图是产品设计的重要技术文件，一方面体现了设计成果，另一方面也是指导生产的参考依据。在产品的生产制造过程中，工程图还是设计人员进行交流和提高工作效率的重要工具，是工程界的技术语言。SOLIDWORKS 2021 提供了强大的工程图设计功能，用户可以很方便地借助零部件或者装配体三维模型生成所需的各个视图，包括剖视图、局部放大视图等。SOLIDWORKS 在工程图与零部件或者装配体三维模型之间提供全相关的功能，即对零部件或者装配体三维模型进行修改时，所有相关的工程视图将自动更新，以反映零部件或者装配体的形状和尺寸变化；反之，当在一个工程图中修改零部件或者装配体尺寸时，系统也自动将相关的其他工程视图及三维零部件或者装配体中相应结构的尺寸进行更新。

　　本章主要介绍工程图的基本设置方法，以及工程视图的创建和尺寸、注释的添加，最后介绍打印工程图的方法。

11.1　工程图基本设置

下面讲解 SOLIDWORKS 工程图的线型、图层及图纸格式等的设置方法。

11.1.1　工程图线型设置

视图中图线的线色、线粗、线型、颜色显示模式等，可以利用【线型】工具栏进

行设置。【线型】工具栏如图 11-1 所示。下面介绍其中较为主要的
几个工具。

图 11-1　【线型】工具栏

（1）【图层属性】按钮 ：设置图层属性（如颜色、厚度、样
式等），将实体移到图层中，然后为新的实体选择图层。

（2）【线色】按钮 ：可对图线颜色进行设置。

（3）【线粗】按钮 ：单击该按钮，会弹出如图 11-2 所示的【线粗】菜单，可对图线
粗细进行设置。

（4）【线条样式】按钮 ：单击该按钮，会弹出如图 11-3 所示的【线条样式】菜单，
可对图线样式进行设置。

图 11-2　【线粗】菜单　　　　　　　图 11-3　【线条样式】菜单

（5）【颜色显示模式】按钮 ：单击该按钮，线色会在所设置的颜色中进行切换。

在工程图中如果需要对线型进行设置，一般在绘制草图实体之前，先利用【线型】工
具栏中的【线色】、【线粗】和【线条样式】按钮对要绘制的图线设置所需的格式，这样可
使被添加到工程图中的草图实体均使用指定的线型格式，直到重新设置另一种格式为止。

如果需要改变直线、边线或草图视图的格式，可先选择需要更改的直线、边线或草图
实体，然后利用【线型】工具栏中的相应按钮进行修改，新格式将被应用到所选视图中。

11.1.2　工程图图层设置

在工程图文件中，用户可根据需要建立图层，并为每个图层上生成的新实体指定线条
颜色、线条粗细和线条样式。新的实体会自动添加到激活的图层中。图层可以被隐藏或显
示。另外，还可将实体从一个图层移动到另一个图层。创建好工程图的图层后，可分别为
每个尺寸、注解、表格和视图标号等局部视图选择不同的图层设置。例如，可创建两个图
层，将其中一个分配给直径尺寸，另一个分配给表面粗糙度注解。可在文档层设置各个局
部视图的图层，无须在工程图中切换图层即可应用自定义图层。

可以将尺寸和注解（包括注释、区域剖面线、块、折断线、局
部视图图标、剖面线及表格等）移到图层上并使用图层指定的颜色。
草图实体使用图层的所有属性。

可以将零件或装配体工程图中的零部件移到图层。【图层】工具

图 11-4　【图层】工具栏　栏中包括一个用于为零部件选择命名图层的清单，如图 11-4 所示。

如果将 DXF 或者 DWG 文件输入到 SOLIDWORKS 工程图中，会自动生成图层。在最
初生成 DXF 或 DWG 文件的系统中指定的图层信息（如名称、属性和实体位置等）将保留。

如果将带有图层的工程图作为 DXF 或 DWG 文件输出，则图层信息包含在文件中。当

在目标系统中打开文件时，实体都位于相同图层上，并且具有相同的属性，除非使用映射将实体重新导向新的图层。

在工程图中，单击【图层】工具栏中的【图层属性】按钮，可进行相关的图层操作。

（1）建立图层

在工程图中，单击【图层】工具栏中的【图层属性】按钮，弹出如图 11-5 所示的【图层】对话框。单击【新建】按钮，可以输入新图层的名称。

图 11-5 【图层】对话框

图 11-6 【颜色】对话框

还可以更改图层默认图线的颜色、样式和厚度等。其中，单击【颜色】下的颜色框，弹出【颜色】对话框，可选择或设置颜色，如图 11-6 所示；单击【样式】下的图线，在弹出的菜单中选择图线样式；单击【厚度】下的直线，在弹出的菜单中选择图线的粗细。

最后单击【确定】按钮，可为文件建立新的图层。

（2）图层操作

在【图层】对话框中，➡图标所指示的图层为激活的图层。如果要激活图层，单击图层左侧，则所添加的新实体会出现在激活的图层中。

图标表示图层打开或关闭的状态。图标表示图层可见，图标表示隐藏该图层。

如果要删除图层，选择图层，然后单击【删除】按钮。

如果要移动实体到激活的图层，选择工程图中的实体，然后单击【移动】按钮，即可将其移动至激活的图层。

如果要更改图层名称，则单击图层名称，输入新名称即可。

11.1.3 图纸格式设置

当生成新的工程图时，必须选择图纸格式。图纸格式可采用标准图纸格式，也可自定义和修改图纸格式。通过对图纸格式的设置，有助于生成具有统一格式的工程图。

图纸格式主要用于保存图纸中相对不变的部分，如图框、标题栏和明细栏等。

（1）图纸格式的属性设置

● 标准图纸格式

SOLIDWORKS 2021 提供了各种标准图纸大小的图纸格式。可在【图纸格式/大小】对话框的【标准图纸大小】列表框中进行选择。单击【浏览】按钮，可加载用户自定义的图纸格式。【图纸格式/大小】对话框如图 11-7 所示。其中【显示图纸格式】复选框中显示边框、标题栏等。

图 11-7　【图纸格式/大小】对话框

● 无图纸格式

【自定义图纸大小】选项可定义无图纸格式，即选择无边框、标题栏的空白图纸。此选项要求指定纸张大小，用户也可定义自己的格式，如图 11-8 所示。

图 11-8　选中【自定义图纸大小】单选按钮

（2）使用图纸格式的操作步骤

单击【标准】工具栏中的 📄【新建】按钮，弹出如图 11-9 所示的【新建 SOLIDWORKS 文件】对话框。

单击【工程图】图标，然后单击【确定】按钮，弹出【图纸格式/大小】对话框，根据需要设置参数，最后单击【确定】按钮。

11.1.4　编辑图纸格式

生成一个工程图文件后，可随时对图纸大小、图纸格式、绘图比例、投影类型等图纸细节进行修改。

图 11-9 【新建 SOLIDWORKS 文件】对话框

在【特征管理器设计树】中，用鼠标右键单击 图标，或在工程图纸的空白区域单击鼠标右键，在弹出的快捷菜单中选择【属性】命令，弹出【图纸属性】对话框，如图 11-10 所示。

图 11-10 【图纸属性】对话框

【图纸属性】对话框中比较特殊的选项如下。

（1）【投影类型】：为标准三视图投影选择【第一视角】或【第三视角】（我国采用的是【第一视角】）。

（2）【下一视图标号】：指定用作下一个剖面视图或局部视图标号的英文字母。

（3）【下一基准标号】：指定用作下一个基准特征标号的英文字母。

（4）【使用模型中此处显示的自定义属性值】：如果在图纸上显示了一个以上的模型，且工程图中包含链接到模型自定义属性的注释，则选择希望使用的属性所在的模型视图；如果没有另外指定，则将使用图纸第一个视图中的模型属性。

11.2　工程视图设计

工程视图是指在图纸中生成的所有视图。在 SOLIDWORKS 2021 中，用户可以根据需要生成各种零件模型的表达视图，如投影视图、剖面视图、局部放大视图、轴测视图等。

11.2.1　概述

在生成工程视图之前，应首先生成零部件或者装配体的三维模型，然后根据此三维模型考虑和规划视图，如工程图由几个视图组成、是否需要剖视等，最后再生成工程视图。

新建工程图文件，完成图纸格式的设置后，就可以生成工程视图了。【工程图】工具栏如图 11-11 所示，根据需要，可以选择相应的命令生成工程视图。下面介绍主要的命令按钮。

图 11-11　【工程图视图】菜单

（1）【投影视图】按钮：指从主、俯、左三个方向插入视图。

（2）【辅助视图】按钮：垂直于所选参考边线的视图。

（3）【剖面视图】按钮：可以用一条剖切线分割父视图。剖面视图可以是直切剖面或者是用阶梯剖切线定义的等距剖面。

（4）【移除的剖面】按钮：添加已移除的剖面视图。

（5）【局部视图】按钮：通常是以放大比例显示一个视图的某个部分，可以是正交视图、空间（等轴测）视图、剖面视图、裁剪视图、爆炸装配体视图或者另一局部视图等。

（6）【相对视图】按钮：正交视图，由模型中两个直交面或者基准面及各自的具体方位的规格定义。

（7）【标准三视图】按钮：前视图为模型视图，其他两个视图为投影视图，使用在图纸属性中所指定的第一视角或者第三视角投影法。

（8）【断开的剖视图】按钮：是现有工程视图的一部分，而不是单独的视图。可以用闭合的轮廓（通常是样条曲线）定义断开的剖视图。

（9）【断裂视图】按钮：也称为中断视图。断裂视图可以将工程图视图，以较大比例显示在较小的工程图纸上。与断裂区域相关的参考尺寸和模型尺寸，反映实际的模型数值。

（10）【剪裁视图】按钮：除了局部视图、已用于生成局部视图的视图或者爆炸视图，用户可以根据需要裁剪任何工程视图。

11.2.2　标准三视图

标准三视图可以生成三个默认的正交视图，其中主视图方向为零件或者装配体的前视，投影类型则按照图纸格式设置的第一视角或者第三视角投影。

在标准三视图中，主视图、俯视图及左视图有固定的对齐关系。主视图与俯视图长度方向对齐，主视图与左视图高度方向对齐，俯视图与左视图宽度相等。俯视图可以竖直移动，左视图可以水平移动。

下面介绍标准三视图的属性设置方法：

单击【工程图】工具栏中的【标准三视图】按钮，或者选择【插入】|【工程图视图】|【标准三视图】菜单命令，系统弹出【标准三视图】属性管理器，如图 11-12 所示。

单击【浏览】按钮后，选择零件模型，并在绘图区单击放置视图即可。

11.2.3　投影视图

投影视图是根据已有视图利用正交投影生成的视图。投影视图的投影方法是根据在【图纸属性】对话框中所设置的第一视角或者第三视角投影类型而确定的。

单击【工程图】工具栏中的【投影视图】按钮，或者选择【插入】|【工程图视图】|【投影视图】菜单命令，系统弹出【投影视图】属性管理器，如图 11-13 所示。

图 11-12　【标准三视图】属性管理器　　图 11-13　【投影视图】属性管理器

下面介绍投影视图的常用属性设置。

（1）【箭头】选项组

【标号】选择框：表示按相应父视图的投影方向得到的投影视图的名称。

（2）【显示样式】选项组

【使用父关系样式】复选框：取消启用该复选框，可以选择与父视图不同的显示样式，显示样式包括【线架图】、【隐藏线可见】、【消除隐藏线】、【带边线上色】和【上色】。

（3）【比例】选项组

● 【使用父关系比例】单选按钮：可以应用与父视图所使用的相同比例。

● 【使用图纸比例】单选按钮：可以应用与工程图图纸所使用的相同比例。

● 【使用自定义比例】单选按钮：可以根据需要应用自定义的比例。

11.2.4　剪裁视图

生成剪裁视图的操作方法如下。

（1）新建工程图文件，生成零部件模型的工程视图。

（2）单击要生成剪裁视图的工程视图，使用草图绘制工具绘制一条封闭的轮廓，如图 11-14 所示。

（3）选择封闭的剪裁轮廓，单击【工程图】工具栏中的【剪裁视图】按钮，或者选择【插入】|【工程图视图】|【剪裁视图】菜单命令。此时，剪裁轮廓以外的视图消失，生成剪裁视图，如图 11-15 所示。

图 11-14　绘制剪裁轮廓

图 11-15　生成剪裁视图

11.2.5　局部视图

局部视图是一种派生视图，可以用来显示父视图的某一局部形状，通常采用放大比例显示。局部视图的父视图可以是正交视图、空间（等轴测）视图、剖面视图、剪裁视图、爆炸装配体视图或者另一局部视图，但不能在透视图中生成模型的局部视图。

下面介绍局部视图的属性设置。

单击【工程图】工具栏中的【局部视图】按钮⟨A⟩，或者选择【插入】|【工程图视图】|【局部视图】菜单命令，系统弹出【局部视图】属性管理器，如图 11-16 所示。

（1）【局部视图图标】选项组

【样式】⟨A⟩：可以选择一种样式，也可以选中【轮廓】（必须在此之前已经绘制好一条封闭的轮廓曲线）或者【圆】单选按钮。【样式】的下拉列表如图 11-17 所示。

【标号】⟨A⟩：编辑与局部视图相关的字母。

【字体】按钮：如果要为局部视图标号选择文件字体以外的字体，取消启用【文件字体】复选框，然后单击【字体】按钮。

图 11-16 【局部视图】属性管理器

图 11-17 【样式】选项

（2）【局部视图】选项组

● 【无轮廓】：没有轮廓外形显示。

● 【完整外形】：局部视图轮廓外形全部显示。

● 【锯齿状轮廓】：显示视图锯齿轮廓。

● 【钉住位置】：可以防止父视图比例更改时局部视图发生移动。

● 【缩放剖面线图样比例】：可以根据局部视图的比例缩放剖面线图样比例。

11.2.6 剖面视图

剖面视图是通过一条剖切线切割父视图而生成的,属于派生视图,可以显示模型内部的形状和尺寸。剖面视图可以是剖切面或者是用阶梯剖切线定义的等距剖面视图,可以生成半剖视图。

下面介绍剖面视图的属性设置。

单击【草图】工具栏中的【中心线】按钮 ，在激活的视图中绘制单一或者相互平行的中心线(也可以单击【草图】工具栏中的【直线】按钮 ，在激活的视图中绘制单一或者相互平行的直线段)。选择绘制的中心线(或者直线段),单击【工程图】工具栏中的【剖面视图】按钮 ，或者选择【插入】|【工程图视图】|【剖面视图】菜单命令,系统弹出【剖面视图辅助】属性管理器,如图 11-18 所示,在绘图区绘制截面后,弹出【剖面视图 C-C】(根据生成的剖面视图,字母顺序排序)属性管理器,如图 11-19 所示。

图 11-18 【剖面视图辅助】属性管理器

图 11-19 【剖面视图 C-C】属性管理器

(1)【切除线】选项组

【反转方向】按钮:反转剖切的方向。

【标号】框 ：编辑与剖切线或者剖面视图相关的字母。

【字体】按钮：如果剖切线标号选择文件字体以外的字体，取消启用【文档字体】复选框，然后单击【字体】按钮，可以为剖切线或者剖面视图相关字母选择其他字体。

（2）【剖面视图】选项组

【部分剖面】：当剖切线没有完全切透视图中模型的边框线时，会弹出剖切线小于视图几何体的提示信息，并询问是否生成局部剖视图。

【横截剖面】：只有被剖切线切除的曲面出现在剖面视图中。

【自动加剖面线】：启用此复选框，系统可以自动添加必要的剖面（切）线。

【缩放剖面线图样比例】：启用此复选框，可以放大和缩小剖面线比例。

【强调轮廓】：突出显示视图轮廓。

11.2.7　断裂视图

对于一些较长的零件（如轴、杆、型材等），如果沿着长度方向的形状统一（或者按一定规律）变化时，可以用折断显示的断裂视图来表达，这样就可以将零件以较大比例显示在较小的工程图纸上。断裂视图可以应用于多个视图，并可根据要求撤销断裂视图。

下面介绍断裂视图的属性设置。

单击【工程图】工具栏中的【断裂视图】按钮，或者选择【插入】|【工程图视图】|【断裂视图】菜单命令，系统弹出【断裂视图】属性管理器，如图 11-20 所示。

（1）【添加竖直折断线】：生成断裂视图时，将视图沿水平方向断开。

（2）【添加水平折断线】：生成断裂视图时，将视图沿竖直方向断开。

（3）【缝隙大小】：改变折断线缝隙之间的间距量。

（4）【折断线样式】：定义折断线的类型，其效果如图 11-21 所示。

图 11-20　【断裂视图】属性管理器

图 11-21　不同折断线样式的效果

11.2.8　相对视图

如果需要零件视图正确、清晰地表达零件的形状结构，使用模型视图和投影视图生成的工程视图可能会不符合实际情况。此时可以利用相对视图自行定义主视图，解决零件视图定向与工程视图投影方向的矛盾。

相对视图是一个相对于模型中所选面的正交视图，由模型的两个直交面及各自具体方位规格定义。通过在模型中依次选择两个正交平面或者基准面并指定所选面的朝向，生成特定方位的工程视图。相对视图可以作为工程视图中的第一个基础正交视图。

下面介绍相对视图的属性设置。

选择【插入】|【工程图视图】|【相对于模型】菜单命令，系统弹出【相对视图】属性管理器，如图 11-22 所示。

（1）【第一方向】：选择方向，然后单击【第一方向的面/基准面】选择框，在图纸区域中选择一个面或者基准面。

（2）【第二方向】：选择方向，然后单击【第二方向的面/基准面】选择框，在图纸区域中选择一个面或基准面。

图 11-22　【相对视图】属性管理器

11.3　尺寸标注

下面对尺寸标注进行简要的介绍，并讲解添加尺寸标注的操作步骤。

11.3.1　尺寸标注概述

工程图中的尺寸标注是与模型相关联的，而且模型中的变更会反映到工程图中。

（1）模型尺寸。通常在生成每个零件特征时即生成尺寸，然后将这些尺寸插入各个工程视图中。在模型中改变尺寸会更新工程图，在工程图中改变插入的尺寸也会改变模型。

（2）为工程图标注。当生成尺寸时，可指定在插入模型尺寸到工程图中时，是否应包括尺寸在内。用右键单击尺寸并选择为工程图标注。也可指定为工程图所标注的尺寸自动插入到新的工程视图中。

（3）参考尺寸。也可以在工程图文档中添加尺寸，但是这些尺寸是参考尺寸，并且是从动尺寸；不能编辑参考尺寸的数值而更改模型。然而，当模型的标注尺寸改变时，参考尺寸值也会改变。

（4）颜色。在默认情况下，模型尺寸为黑色。还包括零件或装配体文件中以蓝色显示的尺寸（例如拉伸深度）。参考尺寸以灰色显示，并默认带有括号。可在工具、选项、系统选项、颜色中为各种类型尺寸指定颜色，并在工具、选项、文件属性、尺寸标注中指定添加默认括号。

（5）箭头。尺寸被选中时尺寸箭头上出现圆形控标。当单击箭头控标时（如果尺寸有两个控标，可以单击任一个控标），箭头向外或向内反转。用右键单击控标时，箭头样式清单出现。可以使用此方法单独更改任何尺寸箭头的样式。

（6）选择。可通过单击尺寸的任何地方，包括尺寸、延伸线和箭头来选择尺寸。

（7）隐藏和显示尺寸。可以使用【视图】菜单来隐藏和显示尺寸。也可以用右键单击尺寸，然后选择【隐藏】来隐藏尺寸。也可在注解视图中隐藏和显示尺寸。

（8）隐藏和显示直线。若要隐藏一尺寸线或延伸线，用右键单击直线，然后选择隐藏尺寸线或隐藏延伸线。若想显示隐藏线，用右键单击尺寸或一条可见直线，然后选择显示尺寸线或显示延伸线。

11.3.2　添加尺寸标注的操作方法

添加尺寸标注的操作方法如下。

（1）单击【尺寸/几何关系】工具栏中的【智能尺寸】按钮 ，或单击【工具】|【标注尺寸】|【智能尺寸】菜单命令。

（2）单击要标注尺寸的几何体，即可进行标注。具体的操作如表 11-1 所示。

表 11-1　标注尺寸

标 注 项 目	单击…
直线或边线的长度	直线
两直线之间的角度	两条直线，或一直线和模型上的一边线
两直线之间的距离	两条平行直线，或一条直线与一条平行的模型边线
点到直线的垂直距离	点以及直线或模型边线
两点之间的距离	两个点
圆弧半径	圆弧
圆弧真实长度	圆弧及两个端点
圆的直径	圆周
一个或两个实体为圆弧或圆时的距离	圆心或圆弧/圆的圆周，以及其他实体（直线，边线，点等）
线性边线的中点	用右键单击要标注中点尺寸的边线，然后单击选择中点。接着选择第二个要标注尺寸的实体

11.4　注解和注释

利用注释工具可以在工程图中添加文字信息和一些特殊要求的标注形式。注释文字可以独立浮动，也可以指向某个对象（如面、边线或者顶点等）。注释中可以包含文字、符号、参数文字或者超文本链接。如果注释中包含引线，则引线可以是直线、折弯线或者多转折引线。

11.4.1　注释的属性设置

单击【注解】工具栏中的【注释】按钮 ，或者选择【插入】|【注解】|【注释】菜单

命令，系统弹出【注释】属性管理器，如图 11-23 所示。

图 11-23　【注释】属性管理器　　　　图 11-24　【添加或更新样式】对话框

（1）【样式】选项组

【将默认属性应用到所选注释】按钮：单击该按钮可将默认类型应用到所选注释中。

【添加或更新样式】按钮：单击该按钮，在弹出的对话框中输入新名称，然后单击【确定】按钮，即可将样式添加到文件中，如图 11-24 所示。

【删除样式】按钮：从【设定当前样式】中选择一种样式，单击该按钮，即可将常用类型删除。

【保存样式】按钮：在【设定当前样式】中显示一种常用类型，单击该按钮，在弹出的【另存为】对话框中，选择保存该文件的文件夹，编辑文件名，最后单击【保存】按钮。

【装入样式】按钮：单击该按钮，在弹出的【打开】对话框中选择合适的文件夹，然后选择 1 个或者多个文件，单击【打开】按钮，装入的常用尺寸出现在【设定当前样式】列表中。

> **注意：**
>
> 注释有两种类型。如果在【注释】属性管理器中输入文本并将其另存为常用注释，则该文本会随注释属性保存。当生成新注释时，选择该常用注释并将注释放置在图形区域中，注释便会与该文本一起出现。如果选择文件中的文本，然后选择 1 种常用类型，则会应用该常用类型的属性，而不更改所选文本；如果生成不含文本的注释并将其另存为常用注释，则只保存注释属性。

（2）【文字格式】选项组

文字对齐方式包括【左对齐】▤、【居中】▤、【右对齐】▤和【套合文字】▣。

【角度】按钮⟳：设置注释文字的旋转角度（正角度值表示逆时针方向旋转）。

【插入超文本链接】按钮⏺：单击该按钮，可以在注释中包含超文本链接。

【链接到属性】按钮▤：单击该按钮，可以将注释链接到文件属性。

图 11-25　选择符号

【添加符号】按钮⏫：将鼠标指针放置在需要显示符号的【注释】文字框中，单击【添加符号】按钮，弹出快捷菜单选择符号，符号即显示在注释中，如图 11-25 所示。

【锁定/解除锁定注释】按钮🔒：将注释固定到位。当编辑注释时，可以调整其边界框，但不能移动注释本身（只可用于工程图）。

【插入形位公差】按钮▦：可以在注释中插入形位公差符号。

【插入表面粗糙度符号】按钮√：可以在注释中插入表面粗糙度符号。

【插入基准特征】按钮🅰：可以在注释中插入基准特征符号。

【使用文档字体】复选框：启用该复选框，使用文件设置的字体；取消启用该复选框，【字体】按钮处于可选择状态。单击【字体】按钮，弹出【选择字体】对话框，可以选择字体样式、大小及效果。

（3）【引线】选项组

单击【引线】按钮✎、【多转折引线】按钮⌁、【无引线】按钮⌁ˣ或者【自动引线】按钮➚，确定是否选择引线。

单击【引线靠左】按钮➚、【引线向右】按钮➘、【引线最近】按钮⋏，确定引线的位置。

单击【直引线】按钮➚、【折弯引线】按钮➚、【下画线引线】按钮➚，确定引线样式。

从【箭头样式】中选择 1 种箭头样式，如图 11-26 所示。如果选择【智能箭头】样式——➤⚡，则应用适当的箭头（如根据出详图标准，将——●应用到面上、——➤应用到边线上等）到注释中。

【应用到所有】按钮：将更改应用到所选注释的所有箭头。如果所选注释有多条引线，而自动引线没有被选择，则可以为每个单独引线使用不同的箭头样式。

（4）【边界】选项组

【样式】列表：指定边界（包含文字的几何形状）的形状或者无，如图 11-27 所示。

【大小】列表：指定文字是否为【紧密配合】或者固定的字符数。

（5）【图层】选项组

【图层】选项组中的参数用来指定注释所在的图层。

11.4.2　添加注释的操作方法

添加注释的操作方法如下。

（1）单击【注解】工具栏中的【注释】按钮🅰，或者选择【插入】|【注解】|【注释】菜单命令，系统弹出【注释】属性管理器。

图 11-26　【引线】选项组　　　图 11-27　【边界】选项组

（2）在图纸区域中拖动鼠标指针定义文字框，在文字框中输入相应的注释文字。

（3）如果有多处需要注释文字，只需在相应位置单击鼠标左键即可添加新注释，单击【确定】按钮，注释添加完成，如图 11-28 所示。

图 11-28　添加注释

（4）添加注释还可以在工程图图纸区域中单击鼠标右键，在弹出的快捷菜单中选择【注解】|【注释】命令。注释的每个实例均可以修改文字、属性和格式等。

（5）如果需要在注释中添加多条引线，在拖曳注释并放置之前，按住键盘上的 Ctrl 键，注释停止移动，第二条引线即会出现，单击鼠标左键放置引线。

11.5　打印工程图

在 SOLIDWORKS 2021 中，可以打印整个工程图纸，也可以只打印图纸中所选的区域。如果使用彩色打印机，可以打印彩色的工程图（默认设置为黑白打印），也可以为单独的工程图纸指定不同的设置。

在打印图纸时，要求用户正确安装并设置打印机、页面和线粗等。

11.5.1 页面设置

在打印工程图前，需要对当前文件进行页面设置。

打开需要打印的工程图文件。选择【文件】|【页面设置】菜单命令，弹出【页面设置】对话框，如图 11-29 所示。

（1）【比例和分辨率】选项组

【调整比例以套合】（仅对于工程图）：按照使用的纸张大小自动调整工程图的尺寸。

【比例】：设置图纸打印比例，按照该比例缩放值（即百分比）打印文件。

【高品质】（仅对于工程图）：SOLIDWORKS 2021 软件为打印机和纸张大小组合决定最优分辨率，输出并进行打印。

（2）【纸张】选项组

【大小】：设置打印文件的纸张大小。

【来源】：设置纸张所处的打印机纸匣。

（3）【工程图颜色】选项组

【自动】：如果打印机或者绘图机驱动程序报告能够进行彩色打印，则发送彩色数据，否则发送黑白数据。

【颜色/灰度级】：忽略打印机或者绘图机驱动程序的报告结果，发送彩色数据到打印机或者绘图机。黑白打印机通常以灰度级打印彩色实体。当彩色打印机或者绘图机使用自动设置进行黑白打印时，选中此单选按钮。

【黑白】：不论打印机或者绘图机的报告结果如何，发送黑白数据到打印机或绘图机。

11.5.2 线粗设置

选择【文件】|【打印】菜单命令，弹出【打印】对话框，如图 11-30 所示。

图 11-29 【页面设置】对话框

图 11-30 【打印】对话框

在【打印】对话框中，单击【线粗】按钮，在弹出的【文档属性-线粗】对话框中设置打印时的线粗，如图 11-31 所示。

图 11-31 【文档属性-线粗】对话框

11.5.3 打印出图

完成页面设置和线粗设置后，就可以进行打印出图操作了。

（1）整个工程图图纸

选择【文件】|【打印】菜单命令，弹出【打印】对话框。在对话框中的【打印范围】选项组中，选中相应的单选按钮并输入想要打印的页数，单击【确定】按钮，打印文件。

（2）打印工程图所选区域

选择【文件】|【打印】菜单命令，弹出【打印】对话框。在对话框中的【打印范围】选项组中，选中【当前荧屏图像】单选按钮，启用其后的【选择】复选框，弹出【打印所选区域】对话框，如图 11-32 所示。

【模型比例（1∶1）】：默认情况下，启用该复选框，表示所选的区域按照实际尺寸打印，即 mm（毫米）的模型尺寸按照 mm（毫米）打印。因此，对于使用不同于默认图纸比例的视图，需要使用自定义比例以获得需要的结果。

【图纸比例（1∶1）】：所选区域按照其在整张图纸中的显示比例进行打印。如果工程图大小和纸张大小相同，将打印整张图纸。

【自定义比例】：所选区域按照定义的比例因子打印，输入比例因子数值，单击【确定】按钮。改变比例因子时，在图纸区域中的选择框将发生变化。

拖动选择框到需要打印的区域。可以移动、缩放视图，或者在选择框显示时更换图纸。此外，选择框只能整框拖动，不能拖动单独的边来控制所选区域，如图 11-33 所示，单击【确定】按钮，完成所选区域的打印。

图 11-32 【打印所选区域】对话框   图 11-33 选择打印区域

11.6 设计范例

11.6.1 绘制支杆图纸范例

> 本节范例文件：范例文件/第 11 章/11-1.SLDPRT、11-1.SLDDRW
>
> 多媒体教学路径：多媒体教学→第 11 章→11.6.1 范例

范例分析

本范例是创建支杆模型的工程图纸，首先创建工程图，之后添加零件，创建零件的三视图，再创建断裂视图，最后依次添加视图上的尺寸标注。

范例操作

Step1 创建主视图

① 新建工程图文件，完成图纸格式设置并创建图框，如图 11-34 所示。
② 打开支杆模型，单击【工程图】工具栏中的【模型视图】按钮，创建主视图。

Step2 创建俯视图

单击【工程图】工具栏中的【投影视图】按钮，创建俯视图，如图 11-35 所示。

图 11-34　绘制主视图

图 11-35　绘制俯视图

投影视图可以从主、俯、左三个方向插入视图。

Step3 创建剖面视图

单击【工程图】工具栏中的【剖面视图】按钮 ▣ ，创建剖面视图，如图 11-36 所示。

图 11-36　绘制剖面视图

Step4 创建断裂视图

① 单击【工程图】工具栏中的【断裂视图】按钮 ▥ ，设置断裂视图的参数，如图 11-37 所示。

②在绘图区中创建断裂视图。

提 示

断裂视图也称为中断视图。断裂视图可以将工程图视图以较大比例显示在较小的工程图纸上。

图 11-37　绘制断裂视图

Step5 标注主视图尺寸

单击【注解】工具栏中的【智能尺寸】按钮，标注主视图中的尺寸，如图 11-38 所示。

Step6 标注剖面视图

单击【注解】工具栏中的【智能尺寸】按钮，标注剖面视图中的尺寸，如图 11-39 所示。至此完成支杆工程图范例的设计，结果如图 11-40 所示。

图 11-38　标注主视图

图 11-39　标注剖面视图

图 11-40 支杆工程图

11.6.2 绘制扣板工程图范例

> 本节范例文件：范例文件/第 11 章/11-2.SLDPRT、11-2.SLDDRW
>
> 多媒体教学路径：多媒体教学→第 11 章→11.6.2 范例

范例分析

本范例是绘制扣板的工程图纸，首先创建零件的三视图和立体视图，然后创建局部放大视图，再依次添加视图上的尺寸标注。

范例操作

Step1 创建主视图

新建工程图文件，打开扣板模型，单击【工程图】工具栏中的【模型视图】按钮，创建主视图，如图 11-41 所示。

Step2 创建俯视图

单击【工程图】工具栏中的【投影视图】按钮，创建俯视图，如图 11-42 所示。

图 11-41 绘制主视图   图 11-42 绘制俯视图

Step3 创建立体图

单击【工程图】工具栏中的【投影视图】按钮 品，创建立体图，如图 11-43 所示。

Step4 创建局部放大视图

单击【工程图】工具栏中的【局部视图】按钮 ⒶⒶ，创建局部放大视图，如图 11-44 所示。

图 11-43　绘制立体图　　　　　图 11-44　绘制局部放大视图

Step5 标注主视图

单击【注解】工具栏中的【智能尺寸】按钮 ，标注主视图尺寸，如图 11-45 所示。

图 11-45　标注主视图

Step6 标注俯视图

运用【智能尺寸】命令，标注俯视图尺寸，如图 11-46 所示。

图 11-46　标注俯视图

Step7 标注局部放大视图

运用【智能尺寸】命令，标注局部放大视图尺寸，如图 11-47 所示。至此完成扣板工程图范例的设计，结果如图 11-48 所示。

图 11-47　标注局部放大视图

图 11-48　扣板工程图

11.7　本章小结

生成工程图是 SOLIDWORKS 2021 一项非常实用的功能，掌握好生成工程视图和工程图文件的基本操作，可以快速、正确地为零件的加工等工程活动提供合格的工程图样。需要注意的是，用户在使用 SOLIDWORKS 2021 软件时，一定要注意与国家制图标准的联系和区别，以便正确使用软件提供的各项功能。

第 12 章

渲染输出

本 章 导 读

　　PhotoView 360 插件是 SOLIDWORKS 2021 中的标准渲染解决方案。SOLIDWORKS 2021 渲染技术改善了用户体验和最终效果，渲染可以在 SOLIDWORKS Professional 和 SOLIDWORKS Premium 中使用。在打开 PhotoView 360 插件之后，可从 PhotoView 360 菜单或从 CommandManager（命令管理器）的渲染工具栏中选择所需的操作命令。

　　本章首先介绍渲染基本概述，之后介绍如何设置渲染零件的布景、光源、材质和贴图，完成设置后，可以渲染输出逼真图像。

12.1　PhotoView 渲染概述

图 12-1　【插件】对话框

　　PhotoView 360 是 SOLIDWORKS 2021 的一个插件，可产生具有真实感的 SOLIDWORKS 模型渲染。渲染的属性设置包括在模型中的材质、光源、布景及贴图。PhotoView 360 可用于 SOLIDWORKS Professional 和 SOLIDWORKS Premium 中。

　　使用 PhotoView 渲染的流程如下。

　　（1）选择【工具】|【插件】菜单命令，打开【插件】对话框，勾选活动插件【PhotoView 360】复选框，如图 12-1 所示。

　　（2）打开 PhotoView 360 插件后，在图形区域中开启预览或者打开御览窗口查看对模型所做的更改如何影响渲染。

　　（3）设置布景、光源、材质及贴图。

（4）编辑光源。

（5）设置 PhotoView 360 选项。

（6）当准备就绪后，可以随即进行最终渲染 （选择【PhotoView 360】|【最终渲染】菜单命令）或以后进行渲染（选择【PhotoView 360】|【排定渲染】菜单命令）。

（7）在【最终渲染】对话框中保存图像。

> 🔔 **注意：**
>
> 在默认情况下，PhotoView 中的照明关闭。在关闭光源时，可以使用布景所提供的逼真光源，该光源通常足够进行渲染。在 PhotoView 中，通常需要使用其他照明措施来照亮模型中的封闭空间。

12.2　设置布景、光源、材质和贴图

12.2.1　设置布景

布景是由环绕 SOLIDWORKS 模型的虚拟框或球形组成，可以调整布景壁的大小和位置。此外，可以为每个布景壁切换显示状态和反射度，并将背景添加到布景。布景功能经过增强，现在能够完全控制出现在模型后面的布景，外观管理器列出应用于当前激活模型的背景和环境。新编辑布景的特征管理器可从外观管理器中调用，可供调整地板尺寸、控制背景或环境，并保存自定义布景。

选择【工具】|【插件】菜单命令，弹出【插件】对话框，调用 PhotoView 360 插件。

选择【视图】|【工具栏】|【渲染工具】菜单命令，调出【渲染工具】工具栏。单击【渲染工具】工具栏中的【编辑布景】按钮🖼，或选择【PhotoView 360】|【编辑布景】菜单命令，弹出【编辑布景】属性管理器，如图 12-2 所示。

（1）【基本】选项卡

单击【基本】标签，切换到【基本】选项卡，下面介绍该选项卡中的参数。

● 【背景】选项组

随布景使用背景图像，这样在模型背后可见的内容与由环境所投射的反射不同。例如，在使用庭院布景中的反射时，可能在模型后出现素色。主要参数包括：【背景类型】，从中选择需要的背景类型；【背景颜色】🖌，将背景设定到单一颜色（在将【背景类型】设定为【颜色】时可供使用）；【顶部渐变颜色】和【底部渐变颜色】，将背景设定到由用户选定的颜色所定义的颜色范围（在将【背景类型】设定为【梯度】时可供使用）。

图 12-2　【编辑布景】属性管理器

261

●【环境】选项组

可以选取任何球状映射为布景环境的图像；单击【浏览】按钮，将背景设定到用户所选定图像的球状映射版本。

●【楼板】选项组

主要参数包括：【楼板反射度】，在楼板上显示模型反射，在楼板阴影选定时可供使用；【楼板阴影】，在楼板上显示模型所投射的阴影；【将楼板与此对齐】，将楼板与基准面对齐，选取 XY、YZ、XZ 之一或选定的基准面，当更改对齐时，视向更改，从而将楼板保留在模型之下；【楼板等距】，将模型高度设定到楼板之上或之下，其中【反转等距方向】按钮⬈设置交换楼板和模型的位置。

提　示

（1）当调整【楼板等距】时，图形区域中的操纵杆也相应移动。
（2）要拖动等距，将鼠标悬空在操纵杆的一端上，当光标变成✛时，拖动操纵杆。
（3）要反转等距方向，用右键单击操纵杆的一端，然后单击反向。

（2）【高级】选项卡

单击【高级】标签，切换到【高级】选项卡，如图 12-3 所示，该选项卡为布景设定的高级控件，下面介绍该选项卡中的参数。

●【楼板大小/旋转】选项组

主要参数包括：【固定高宽比例】，当更改宽度或高度时均匀缩放楼板；【自动调整楼板大小】，根据模型的边界框调整楼板大小；【宽度】⬛和【深度】⬛，调整楼板的宽度和深度；【高宽比例】，只读，显示当前的高宽比例；【旋转】◇，相对环境旋转楼板，旋转环境以改变模型上的反射，当出现反射外观且背景类型是使用环境时，即表现出这种效果。

●【环境旋转】选项组

【环境旋转】：相对于模型水平旋转环境。影响到光源、反射及背景的可见部分。

●【布景文件】选项组

主要参数包括：【浏览】按钮，选取另一布景文件以供使用；【保存布景】按钮，将当前布景保存到文件，会提示用户将保存了布景的文件夹在任务窗格中保持可见。

提　示

当保存布景时，与模型关联的物理光源也会被保存。

（3）【PhotoView360 光源】选项卡

单击【PhotoView360 光源】标签，切换到【PhotoView360 光源】选项卡，如图 12-4 所示，该选项卡为布景设定光源属性，对其参数的说明如下。

【背景明暗度】：只在 PhotoView 中设定背景的明暗度。在基本选项卡上的背景是无或白色时没有效果。

【渲染明暗度】：设定由 HDRI（高动态范围图像）环境在渲染中所促使的明暗度。

【布景反射度】：设定由 HDRI 环境所提供的反射量。

图 12-3 【高级】选项卡

图 12-4 【PhotoView360 光源】选项卡

12.2.2　设置线光源

SOLIDWORKS 和 PhotoView 360 的照明控件相互独立。后者的控件 DisplayManager 可以对照明的各个方面进行管理，管理的内容包括只有在 PhotoView 360 作为插件时才可用的照明控件。DisplayManager 列出应用于当前激活模型的光源。现在，可通过集成阴影和雾灯控件获得更强大的 PhotoView 360 功能。光线强度通过功率控制。SOLIDWORKS 2021 提供了常见的三种光源类型：线光源、点光源及聚光源。下面介绍这三种光源的使用和设置方法，首先介绍线光源。

在管理器选项卡中切换到【外观属性管理器】选项卡，单击【查看布景、光源和相机】按钮，用鼠标右键单击一个光源选项，在弹出的快捷菜单中选择【添加线光源】命令，如图 12-5 所示。弹出【线光源 3】属性管理器（根据生成的线光源，数字顺序排序），如图 12-6 所示。

（1）【基本】选项卡

单击【基本】标签，切换到【基本】选项卡，下面介绍该选项卡中的参数。

● 【基本】选项组

【编辑颜色】按钮：单击此按钮，弹出【颜色】对话框，这样就可以选择带颜色的光源，而不是默认的白色光源。

● 【光源位置】选项组

主要参数包括：【锁定到模型】复选框，启用此复选框，相对于模型的光源位置被保留，

263

取消启用此复选框，光源在模型空间中保持固定；【经度】，光源的经度坐标；【纬度】，光源的纬度坐标。

图 12-5　选择【添加线光源】命令

图 12-6　【线光源 5】属性管理器

（2）【SOLIDWORKS】选项卡

打开【SOLIDWORKS】选项卡，如图 12-7 所示。

【在 SOLIDWORKS 中打开】：打开或者关闭模型中的光源。

【环境光源】：设置光源的强度。移动滑杆或者在 0～1 之间输入数值。数值越高，光源强度越强。在模型各个方向上，光源强度均等地被改变。

【明暗度】：设置光源的明暗度。移动滑杆或者在 0～1 之间输入数值。数值越高，在最靠近光源的模型一侧投射越多的光线。

【光泽度】：设置光泽表面在光线照射处显示强光的能力。移动滑杆或者在 0～1 之间输入数值。数值越高，强光越显著且外观更为光亮。

（3）【PhotoView360】选项卡

打开【PhotoView360】选项卡，如图 12-8 所示，下面介绍该选项卡中的参数。

● 【PhotoView 控件】选项组

【在 PhotoView360 中打开】：在 PhotoView 中打开光源。光源在默认情况下关闭。同时，启用 PhotoView 照明选项。

【明暗度】：在 PhotoView 中设置光源明暗度。

● 【阴影】选项组

主要参数包括：【阴影柔和度】，增强或柔和光源的阴影投射，此数值越低，阴影越深，此数值越高，阴影越浅，但可能会影响渲染时间，要模拟太阳的效果，可试验使用 3 和 5 之间的值；【阴影品质】，减少柔和阴影中的颗粒度，当增加阴影柔和度时，可试验使用该设定较高值以降低颗粒度，增加此设定可增加渲染时间。

图 12-7　【SOLIDWORKS】选项卡

图 12-8　【PhotoView360】选项卡

12.2.3　设置点光源

用鼠标右键单击光源选项，在弹出的快捷菜单中选择【添加点光源】命令，在【属性管理器】中弹出【点光源 1】属性管理器（根据生成的点光源，数字顺序排序）。

（1）【基本】选项卡

单击【基本】标签，切换到【基本】选项卡，如图 12-9 所示，下面介绍该选项卡中的参数。

【球坐标】：使用球形坐标系指定光源的位置。

【笛卡尔式】：使用笛卡尔式坐标系指定光源的位置。其中，【X 坐标】为光源的 x 坐标；【Y 坐标】为光源的 y 坐标；【Z 坐标】为光源的 z 坐标。

【锁定到模型】：启用此复选框，相对于模型的光源位置被保留；取消启用此复选框，则光源在模型空间中保持固定。

（2）【SOLIDWORKS】选项卡

打开【SOLIDWORKS】选项卡，如图 12-10 所示。参数和线光源的相似，这里不再赘述。

（3）【PhotoView360】选项卡

切换到点光源的【PhotoView360】选项卡，如图 12-11 所示，下面介绍该选项卡中的参数。

● 【阴影】选项组

主要参数包括：【点光源半径】，在选项卡中设定点光源半径，可影响到阴影的柔和性，此数值越低，阴影越深，此数值越高，阴影越浅，但可能会影响渲染时间；【阴影品质】，当阴影半径增加时可提高品质。

● 【雾】选项组

主要参数包括：【雾灯半径】，设置光源周围的雾灯范围；【雾灯品质】，当雾灯半径增加时可降低颗粒度，增加此设定可增加渲染时间。

图 12-9 【基本】选项卡   图 12-10 【SOLIDWORKS】选项卡   图 12-11 【PhotoView360】选项卡

12.2.4 设置聚光源

用鼠标右键单击光源选项，在弹出的快捷菜单中选择【添加聚光源】命令，打开【聚光源】属性管理器，如图 12-12 所示。下面介绍其参数的设置。

（1）【基本】选项卡

单击【基本】标签，切换到【基本】选项卡。

● 【基本】选项组

【基本】选项组与【线光源】的属性设置相同，在此不再赘述。

● 【光源位置】选项组

主要参数包括：

【球坐标】：使用球形坐标系指定光源的位置。

【笛卡尔式】：使用笛卡尔式坐标系指定光源的位置。

启用【锁定到模型】复选框，相对于模型的光源位置被保留；取消启用【锁定到模型】复选框，光源在模型空间中保持固定。

【X 坐标】、【Y 坐标】、【Z 坐标】：可以设置光源的 x、y、z 坐标。

【目标 X 坐标】、【目标 Y 坐标】、【目标 Z 坐标】：可以设置聚光源在模型上所投射到的点的 x、y、z 坐标。

【圆锥角】：用来设置光束传播的角度，较小的角度生成较窄的光束。

（2）【SOLIDWORKS】选项卡

打开【SOLIDWORKS】选项卡，如图 12-13 所示。参数和线光源的相似，这里不再赘述。

（3）【PhotoView360】选项卡

打开【PhotoView360】，如图 12-14 所示。下面介绍该选项卡中的一些参数。

【柔边】：将过渡范围设定到光源之外以给予光源的边线更柔的外观。要生成粗硬边线，设定为 0。要生成柔和边线，增加数值。

【聚光源半径】：在 PhotoView 中设定聚光源半径，可影响到阴影的柔和性。此数值越低，阴影越深。此数值越高，阴影越浅，但可能会影响渲染时间。

图 12-12　【基本】选项卡　　图 12-13　【SOLIDWORKS】选项卡　　图 12-14　【PhotoView360】选项卡

12.2.5　设置外观（材质）

外观是模型表面的材料属性，添加外观是使模型表面具有某种材料的表面感官属性。

单击【渲染工具】工具栏中的【编辑外观】按钮，或者选择【PhotoView 360】|【编辑外观】菜单命令，打开【颜色】属性管理器，单击【高级】按钮，转换到高级模式，其中包含四个选项卡，下面逐一进行介绍。

（1）【颜色/图像】选项卡

首先打开【高级】模式下的【颜色/图像】选项卡（注：软件显示"图象"，应为"图像"，后同），如图 12-15 所示，下面介绍该选项卡中的参数。

● 【所选几何体】选项组

【过滤器】可以帮助选择模型中的几何实体，包括【选择零件】、【选取面】 、【选择曲面】 、【选择实体】 、【选择特征】 ；单击【移除外观】按钮可以从选择的对象上移除设置好的外观。

● 【外观】选项组

可以显示所应用的外观，主要参数设置包括：【外观文件路径】显示外观名称和位置；【浏览】按钮用来浏览材质文件；单击【保存外观】按钮即可保存外观文件。

> **注意：**
> 图像仅在应用的外观使用图像文件时出现。

● 【颜色】选项组

可以添加颜色到所选实体的几何体中列出的外观，如图 12-16 所示。主要参数设置包括：单击【主要颜色】 的颜色区域以使用下列方法应用颜色，也可以拖动颜色成分滑杆或者输入颜色成分数值；生成新样块 用来生成自定义样块或添加颜色到预定义的样块；【RGB】模式是以红色、绿色和蓝色数值定义颜色；【HSV】模式是以色调、饱和度和数值定义颜色。

图 12-15 【颜色/图像】选项卡

图 12-16 【颜色】选项组

> **提　示**
>
> 如果材质是混合颜色（例如汽车漆），则预览将显示当前颜色 1 和当前颜色 2 的混合。最多可以有三层颜色。

（2）【映射】选项卡

单击【高级】模式下的【映射】标签，打开【映射】选项卡，如图 12-17 所示。下面介绍该选项卡中的参数。

【所选几何体】：可以帮助选择模型中的几何实体，包括【选择零件】、【选取面】、【选择曲面】、【选择实体】、【选择特征】。

【移除外观】按钮：单击该按钮可以从选择的对象上移除设置好的外观。

图 12-17　【映射】选项卡

图 12-18　【照明度】选项卡

（3）【照明度】选项卡

【照明度】选项卡如图 12-18 所示。在【照明度】选项卡中，可以选择其照明属性。

●【照明度】选项组

【动态帮助】复选框：扩展的工具提示，说明各个属性，展示各种效果，并列出所有从属关系。

【漫射量】：控制面上的光线强度。值越高，面上显得越亮。

【光泽量】：控制高亮区，使面显得更为光亮。如果使用较低的值，则会减少高亮区。

【光泽颜色】：控制光泽零部件内反射高亮显示的颜色。双击以选择颜色。

【光泽传播/模糊】：控制面上的反射模糊度，使面显得粗糙或光滑。值越高，高亮区越大越柔和。

【反射量】：以 0 到 1 的比例值控制表面反射度。如果设置为 0，则看不到反射。如果设置为 1，表面将成为完美的镜面。

【模糊反射度】：在面上启用反射模糊。模糊水平由光泽传播控制。当光泽传播为 0 时，不发生模糊。从属关系：光泽传播和反射光量必须大于 0。

【透明量】：控制面上的光通透程度。该值降低，不透明度升高；如果设置为 0，则完全不透明。该值升高，透明度升高；如果设置为 100，则完全透明。

提　示

当用户更改外观照明度时，如果使用 PhotoView 预览或最终渲染，则所有更改都可看见。如果使用 RealView 或 OpenGL，则只有某些更改才可看见。

● 【PhotoView 照明度】选项组

【图形锐边】：提供图形图像的锐化处理参数。

（4）【表面粗糙度】选项卡

【表面粗糙度】选项卡如图 12-19 所示。在【表面粗糙度】选项卡中，可以选择表面粗糙度类型，根据所选择的类型，其属性设置发生改变。

● 【表面粗糙度】选项组

【表面粗糙度】类型：在下拉列表中选择相应的类型，如图 12-20 所示。

图 12-19　【表面粗糙度】选项卡

图 12-20　【表面粗糙度】列表

● 【PhotoView 表面粗糙度】选项组

【隆起映射】复选框：通过修改阴影和反射模仿凹凸不平的表面，但不更改几何体，渲染的速度比位移映射快。

【隆起强度】：将隆起高度设定为从隆起表面最高点到模型表面之间的距离。

【位移映射】复选框：给渲染的模型表面添加纹理，从而改变几何形状，渲染的速度比位移映射慢。

【位移距离】：控制从标称表面到位移映射的表面光洁度。

12.2.6　设置贴图

贴图是在模型的表面附加某种平面图形，一般多用于商标和标志的制作。

单击【渲染工具】工具栏中的【编辑贴图】按钮，或者选择【PhotoView 360】|【编辑贴图】菜单命令，打开【贴图】属性管理器，如图 12-21 所示。

（1）【图像】选项卡

单击【图像】标签，切换到【图像】选项卡，下面介绍该选项卡中的参数。

●【贴图预览】选项组。

预览区域：显示贴图预览。

【图像文件路径】：显示图像文件路径。单击浏览选择其他路径和文件。

【保存贴图】按钮：单击此按钮，可以将当前贴图及其属性保存到文件。

●【掩码图形】选项组

【无掩码】：不应用掩码。

【图形掩码文件】：在掩码为白色的位置处显示贴图，在掩码为黑色的位置处贴图会被遮盖。

【可选颜色掩码】：在贴图中减去选择为要排除的颜色。

【使用贴图图像 alpha 通道】：使用包含贴图和掩码的复合图像。要生成图像，在 PhotoView 360 渲染帧对话框中单击保存带图层的图像，然后在外部图形程序中生成组合图像。支持的文件类型为 ".tif" 和 ".png"。

（2）【映射】选项卡

【映射】选项卡如图 12-22 所示，下面介绍该选项卡中的参数。

●【映射】选项组

【映射类型】列表：根据所选类型的不同，其属性设置发生改变。

【水平位置】➡：相对于参考轴，将贴图沿基准面水平移动指定距离。

【竖直位置】⬆：相对于参考轴，将贴图沿基准面竖直移动指定距离。

●【大小/方向】选项组

可以启用【固定高宽比例】、【将宽度套合到选择】、【将高度套合到选择】三种不同方式。

【宽度】：指定贴图宽度。

【高度】：指定贴图高度。

【高宽比例】：显示当前的高宽比例。

【旋转】◇：指定贴图的旋转角度。

【水平镜向】：水平反转贴图图像。

【竖直镜向】：竖直反转贴图图像。

【重置比例】按钮：将高宽比例恢复为贴图图像的原始高宽比例。

（3）【照明度】选项卡

【照明度】选项卡如图 12-23 所示。可以选择贴图对照明度的反应，根据选择的选项不同，其属性设置发生改变，下面介绍该选项卡中的参数。

图 12-21 【贴图】属性管理器　　图 12-22 【映射】选项卡　　图 12-23 【照明度】选项卡

● 【照明度】选项组

【动态帮助】：扩展的工具提示，说明各个属性，展示各种效果，并列出所有从属关系。

【使用内在外观】：将贴图下外观的照明度设定应用到贴图。在取消选取时，该选项直接为贴图设定照明度并在此属性管理器中启用剩余的选项。

【漫射量】：控制面上的光线强度。值越高，面上显得越亮。

【光泽量】：控制高亮区，使面显得更为光亮。如果使用较低的值，则会减少高亮区。

【光泽颜色】：控制光泽零部件内反射高亮显示的颜色。双击以选择颜色。

【光泽传播/模糊】：控制面上的反射模糊度，使面显得粗糙或光滑。值越高，高亮区越大越柔和。

【反射量】：以 0 到 1 的比例值控制表面反射度。如果设置为 0，则看不到反射。如果设置为 1，表面将成为完美的镜面。

【模糊反射度】：在面上启用反射模糊。模糊水平由光泽传播控制。当光泽传播为 0 时，不发生模糊。从属关系：光泽传播和反射光量必须大于 0。

【透明量】：控制面上的光通透程度。该值降低，不透明度升高；如果设置为 0，则完全不透明。该值升高，透明度升高；如果设置为 100，则完全透明。

● 【PhotoView 照明度】选项组

【双边】：将相对的两侧启用上色。禁用时，未朝向相机的面将不可见。在有些情况下，双侧的面可能会导致渲染错误，谨慎使用。

12.3　渲染输出图像

下面介绍渲染输出图像的操作方法和参数设置方法。

12.3.1　改进渲染能力的方法

一般情况下，改进渲染能力的方法如下。

（1）预览窗口

在进行完整渲染之前使用预览渲染窗口可以评估更改的效果；同时，重设预览渲染窗口以使窗口更小。

（2）渲染品质

在【PhotoView 360】选项卡中将最终渲染品质设定到所需的最低等级。

（3）阴影

对于线光源、点光源和聚光源，可在每个光源属性管理器中的【PhotoView 360】选项卡上设定阴影品质，高值可增加渲染时间。

12.3.2　预览渲染

PhotoView 提供两种方法预览渲染：在图形区域内（整合预览）及在单独窗口内（预览窗口）。两种方法都可在进行完整渲染之前，帮助快速评估更改。由于更新具有连续性，可试验影响渲染的控件但不必完全理解每个控件的目的。当对设定满意时，可进行完整渲染。

在更改模型时，预览连续更新，从而递增完善预览。对外观、贴图、布景和渲染选项所做的更改实时进行更新。如果更改模型某部分，预览将只为这些部分进行更新，而非整个显示。

（1）PhotoView 整合预览

PhotoView 整合预览可在 SOLIDWORKS 图形区域内预览当前模型的渲染。要开始预览，插入 PhotoView 360 插件后，选择【PhotoView 360】|【整合预览】菜单命令，显示界面如图 12-24 所示。

（2）PhotoView 360 预览窗口

PhotoView 360 预览窗口是区别于 SOLIDWORKS 主窗口的单独窗口。

要显示该窗口，首先插入 PhotoView 360 插件，然后选择【PhotoView 360】|【预览渲染】菜单命令。窗口保持在重新调整窗口大小时，在【PhotoView 360 选项】属性管理器中所设定的高宽比例。

当更改要求重建模型时，更新间断。在重建完成后，更新继续。可也可以通过单击【暂停】按钮来中断更新。显示界面如图 12-25 所示。

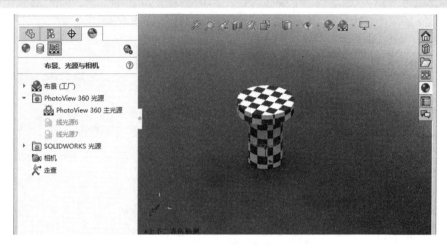

图 12-24　整合预览

【暂停】按钮：停止预览窗口的所有更新。

【重设】按钮：更新预览窗口并恢复 SOLIDWORKS 更新传送。

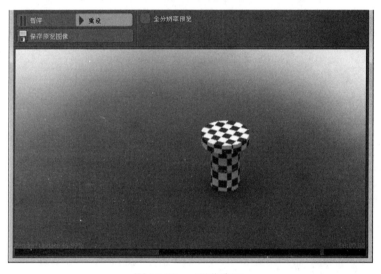

图 12-25　预览窗口

12.3.3　PhotoView 360 选项

【PhotoView 360 选项】属性管理器为 PhotoView 360 控制设定，包括输出图像品质和渲染品质。

在插入了 PhotoView 360 后，在【DisplayManager（外观管理器）】中单击【PhotoView 360 选项】按钮，以打开【PhotoView 360 选项】属性管理器，如图 12-26 和图 12-27 所示。

（1）【输出图像设定】选项组

●【动态帮助】复选框

显示每个特性的弹出工具提示。

●【输出图像大小】参数

图 12-26　【PhotoView 360 选项】属性管理器　　图 12-27　【光晕】和【轮廓/动画渲染】选项组

主要参数包括：

【预设图像大小】列表：将输出图像的大小设定到标准宽度和高度，也可选取指派到当前相机的设定或设置自定义值；

【图像宽度】：以像素设定输出图像的宽度；

【图像高度】：以像素设定输出图像的高度；

【固定高宽比例】：保留输出图像中宽度到高度的当前比率；

【使用背景和高宽比例】：将最终渲染的高宽比设定为背景图像的高宽比，如果已取消启用该复选框，背景图像可能会扭曲，在当前布景使用图像作为其背景时可供使用。

当使用相机高宽比例激活时会忽略该设定。

● 【图像格式】列表

为渲染的图像更改文件类型。

● 【默认图像路径】

为使用 "Task Scheduler" 所排定的渲染设定默认路径。

（2）【光晕】选项组（如图 12-27 所示）

添加光晕效果，使图像中发光或反射的对象周围发出强光。光晕仅在最终渲染中可见，预览中不可见。

【光晕设定点】：标识光晕效果应用的明暗度或发光度等级。降低百分比可将该效果应用到更多项目，增加则将该效果应用于更少的项目。

【光晕范围】：设定光晕从光源辐射的距离。

（3）【渲染品质】选项组

【预览渲染品质】：为预览设定品质等级。高品质图像需要更多时间才能渲染。

【最终渲染品质】：为最终渲染设定品质等级。高品质图像需要更多时间才能渲染。

【灰度系数】：调整图像的明暗度。

渲染品质和渲染时间示例，如图 12-28 所示。

【良好】，29 秒　　　　　　　　　　【更佳】，54 秒

【最佳】，2 分 19 秒　　　　　　　　　【最大】，6 分 45 秒

图 12-28　渲染时间的效果

> **注意：**
>
> 　　通常而言，【最佳】和【最大】之间区别很小。【最大】设定在渲染封闭空间或内部布景时最有效。

（4）【轮廓/动画渲染】选项组

给模型的外边线添加轮廓线。

【只随轮廓渲染】：只以轮廓线进行渲染，保留背景或布景显示和景深设定。

【渲染轮廓和实体模型】：以轮廓线渲染图像。

【线粗】：以像素设定轮廓线的粗细。

【编辑线色】按钮：设定轮廓线的颜色。

12.3.4　最终渲染参数设置

【最终渲染】对话框在进行最终渲染时出现，它显示统计及渲染结果。

单击【渲染工具】工具栏中的【最终渲染】按钮，或者选择【PhotoView 360】|【最终渲染】菜单命令，打开如图 12-29 所示的【最终渲染】对话框，主要参数设置如下。

（1）0 到 9 数目：显示十个最近渲染。

（2）【保存图像】按钮：在所指定的路径中保存渲染的图像。

（3）【图像处理】选项卡：设置渲染照片属性。

（4）【比例和选项】选项卡：设置模型比例和照片选项。

（5）【统计】选项卡：计算渲染参数结果。

图 12-29 【最终渲染】对话框

12.3.5　排定的渲染

下面介绍排定的渲染方法和参数设置。

（1）批量渲染

可以计划批处理任务来渲染 PhotoView 360 文档和运动算例动画。对于其他批处理任务，可以使用 SOLIDWORKS Task Scheduler 应用程序来调整任务顺序、生成报表等。

 注意：

　　如果计划的文档对于系统的可用内存而言过于复杂，则批处理任务会跳过此文档并转而处理所计划的下一个文档。

（2）【排定渲染】对话框

用【排定渲染】对话框在指定时间进行渲染，并将之保存到文件。

在插入 PhotoView 360 插件后，单击【渲染工具】工具栏中的【排定渲染】按钮 ，或者选择【PhotoView 360】|【排定渲染】菜单命令。打开【排定渲染】对话框，如图 12-30 所示。

● 【文件名称】

设定输出文件的名称。【PhotoView 360 选项】属性管理器中的图像格式内指定默认文件类型。

● 【保存文件到】

设定要在其中保存输出文件的目录。【PhotoView 360 选项】属性管理器中的默认图像路径内指定默认目录。

图 12-30 【排定渲染】对话框

● 【设定】按钮
打开与渲染相关的只读设定列表。
● 【任务排定】选项组
主要参数包括：
【在上一任务后开始】：在排定了另一渲染时可供使用，在先前排定的任务结束时开始此任务。
【开始时间】：在消除选取在上一任务后开始时可供使用，指定开始渲染的时间。
【开始日期】：在消除选取在上一任务后开始时可供使用，指定开始渲染的日期。
（3）渲染/动画设置
当排定渲染模型（单击【渲染工具】工具栏中的【排定渲染】按钮）或保存动画（在【运动算例】工具栏中单击【保存动画】按钮）时，使用只看的渲染/动画设置对话框来审阅应用程序参数。两者的区别体现在如下两个方面。
● 文档属性
PhotoView 360：通过单击【渲染工具】工具栏的【选项】按钮来设置参数，如渲染品质。
运动算例动画：无法从运动算例显示设置。
● 输出设置
PhotoView 360：从【排定渲染】对话框（如文件格式和图像大小）显示设置。
运动算例动画：从【视频压缩】对话框（如压缩程序和压缩品质）显示设置。

12.4　设计范例

12.4.1　渲染轮子范例

扫码看视频

 本节范例文件：范例文件/第 12 章/12-1.SLDPRT

 多媒体教学路径：多媒体教学→第 12 章→12.4.1 范例

范例分析

本范例是使用已有的轮子零件模型，进行渲染，首先打开 PhotoView 360 插件，再添加模型的材质、布景、灯光和相机，最后进行渲染输出。

范例操作

Step1 打开插件

①打开轮子零件文件，单击【SOLIDWORKS 插件】工具栏中的【PhotoView 360】按钮🔘，如图 12-31 所示。

②单击【外观属性管理器】按钮🔘，设置渲染属性。

图 12-31　打开插件

Step2 设置外观

①在【外观属性管理器】选项卡中，选择【铬】选项，如图 12-32 所示。

②拖动铬材质到绘图区模型上。

图 12-32　设置外观

Step3 设置布景

①在【外观属性管理器】选项卡中，选择【演示布景】选项，如图 12-33 所示。

②拖动厨房背景到绘图区。

图 12-33　设置布景

Step4 添加聚光源

①右键单击【线光源】选项，选择【添加聚光源】命令，在【聚光源 1】属性管理器中，设置参数，如图 12-34 所示。

②在绘图区中设置光源。

图 12-34　添加聚光源

Step5 添加相机

①右键单击【相机】选项，选择【添加相机】命令，在【相机 1】属性管理器中，设置参数如图 12-35 所示。

②添加相机和相机视角。

图 12-35　添加相机

Step6 最终渲染

选择【PhotoView 360】|【最终渲染】菜单命令，完成渲染，如图 12-36 所示。至此，渲染轮子范例制作完成，结果如图 12-37 所示。

图 12-36　最终渲染

图 12-37　最终渲染结果

12.4.2 渲染螺栓范例

本节范例文件：范例文件/第 12 章/12-2.SLDPRT

多媒体教学路径：多媒体教学→第 12 章→12.4.2 范例

 范例分析

本范例是使用已有螺栓零件模型，进行模型渲染，首先打开 PhotoView 360 插件，再添加模型的材质、布景、灯光，最后进行整合预览。

范例操作

扫码看视频

Step1 打开插件

打开螺栓零件文件，单击【SOLIDWORKS 插件】工具栏中的【PhotoView 360】按钮 ，如图 12-38 所示。

单击【外观属性管理器】按钮 ，设置渲染属性。

图 12-38　打开插件

Step2 设置外观

①在【外观属性管理器】选项卡中，选择【钢】选项，如图 11-39 所示。

②拖动钢材质到绘图区模型上。

图 12-39　设置外观

Step3 设置布景

①在【外观属性管理器】选项卡中，选择【基本布景】选项，如图 12-40 所示。

②拖动背景-工作间布景到绘图区。

图 12-40　设置布景

Step4 添加聚光源

①右键单击【线光源】选项，选择【添加聚光源】命令，在【聚光源 1】属性管理器

中设置参数，如图 12-41 所示。

②在绘图区中设置光源。

图 12-41　添加聚光源

Step5 整合预览

选择【PhotoView 360】|【整合预览】菜单命令，进行整合预览，至此完成范例制作，整合预览结果如图 12-42 所示。

图 12-42　整合预览结果

12.5　本章小结

本章介绍了零件的渲染输出，其中包括设置布景、光源、材质和贴图的方法，然后着重以 PhotoView 360 插件讲解渲染输出的相关内容，读者可以结合范例进行学习。

第13章

模具设计

SOLIDWORKS IMOLD 插件应用于塑料注射模具设计及其他类型的模具设计。IMOLD 的高级建模工具可以创建型腔、型芯、滑块及镶块等，而且非常容易使用。同时可以提供快速、全相关、三维实体的注射模设计解决方案，提供了设计工具和程序来自动进行高难度、复杂的模具设计工作。SOLIDWORKS 2021 本身内嵌一系列控制模具生成过程的集成工具来生成模具，可以使用这些模具工具来分析并纠正塑件模型的不足之处，模具工具涵盖从初始分析直到生成切削分割的整个过程。

本章首先介绍 IMOLD 插件的基础知识，之后介绍数据准备和项目管理，再介绍分型线和分型面的创建命令。

13.1 概述

13.1.1 IMOLD 插件介绍

SOLIDWORKS 是三维机械设计软件市场中的主流软件，其易学易用的特点使它成为大部分设计人员及从业者的首选三维软件，成为中端工程应用的通用 CAD 平台，在国内模具制造业具有相当多的装机量。另外，在世界范围内有数百家公司基于 SOLIDWORKS 开发了专业的工程应用系统作为插件集成到 SOLIDWORKS 的软件界面中，其中包括模具设计、制造、分析、产品演示、数据转换等，使它成为具有实际应用解决方案的软件系统。

IMOLD 插件是应用于 SOLIDWORKS 软件中的一个 Windows 界面的第三方软件，用来进行注射模的三维设计工作。它是由众多软件工程师和具有丰富模具设计、制造经验的工程师合作开发出来的，它的设计过程最大程度地满足了加工需要。在开发过程中利用了 UG 中的 MoldWizard 模具设计技术，并进一步加强了它的功能。

　　IMOLD 软件提供给模具设计者一系列必须的工具，来对任何类型的产品进行模具设计。它完全集成于 SOLIDWORKS 界面中，成为一个造型设计的整体，模具设计师通过它可以在一个装配方案中进行包括设计方案管理、模具设计过程、加工和模具装配的整个处理过程。它无缝集成的特点使得用户在工作时不需要离开 SOLIDWORKS 软件或使用其他设计软件。其直观的用户界面、强而有效的功能与预览特征，使得设计者能够在很短的时间就可以掌握使用软件的操作技巧，能够灵活地应用软件进行模具设计，进一步提高设计者的工作效率，同时它的设计过程和方法所包含的设计理论对模具初学者也具有极强的指导意义，不仅如此，系统的操作步骤也是依据实际模具工艺设计的流程，所以设计者只需透过这些简单的步骤就能完成一个标准模具设计。IMOLD 提供的一整套功能对模具设计者来说都是必不可少的，它将帮助经验丰富的设计师减少产品从设计到制造完成所需的时间，从而大幅提高生产效率。

　　（1）IMOLD 插件的特点

　　完全与 SOLIDWORKS 结合，智能化和直观的界面特征使设计者能够灵活地把握整个设计过程，更加专注于模具设计工作而不是考虑如何操作软件。

　　合理并且实际的模具工艺设计流程，将设计和生成复杂的三维模具变得容易和简单，解除设计与制造的瓶颈，使后续的生产过程更有效率，减少资源和材料的损耗。

　　在设计过程中，IMOLD 得到设计更新和积累，并且可以重新使用这些宝贵的知识经验，可大大提高设计者的工作效率，缩短设计周期以应对市场需求，提高设计质量和生产力以获得更高的利润。

　　IMOLD 插件提供了强大的模具设计功能，设计者只需通过简单的操作就能完成一个标准模具设计。插件所提供的所有功能都是通过直接单击【IMOLD V13】选项卡中的图标工具或者选取主菜单上的【IMOLD】下拉菜单工具来启动，两种启动方式是等价的，读者可根据自己的习惯来选择。

　　（2）IMOLD 主菜单

　　选择【工具】|【插件】菜单命令，弹出如图 13-1 所示的【插件】对话框，启用 IMOLD V13 复选框，并单击【确定】按钮。加载 IMOLD 插件后，使用鼠标右键单击工具选项卡，在弹出的快捷菜单中新增了模具模块的命令，如图 13-2 所示。

　　（3）【IMOLD】工具选项卡

　　直接单击【IMOLD】工具选项卡中的图标工具可以更加快捷方便地进入相应的功能。如图 13-3 所示，工具选项卡上的每一个图标工具对应一个专门的模具应用功能，相当于菜单中的一个菜单项。对于开始使用 IMOLD 的设计者来说，可以将鼠标指针停留在图标工具上，系统将自动弹出该图标工具的文字说明提示。

　　【数据准备】按钮📠：数据准备模块的功能是进行原始模型文件的调用、定位、复制等操作，以便为后续的设计提供合乎要求的三维模型。

　　【项目管理】按钮🗔：在模型数据准备阶段，所有的设计方案都将从这一步开始进行。可以通过它开启一个已经存在的设计方案或者创建一个新的设计方案，在它的设置界面中还可以对设计方案所用的单位、塑料材料及相关文件的命名进行定义，还可以针对材料、外形等因素对零件设置不同方向上的不同收缩率。

　　【项目储存】按钮💾：为各种模式下的模具设计工作提供项目保存命令。

图 13-1　SOLIDWORKS【插件】对话框　　　图 13-2　IMOLD 快捷菜单命令

图 13-3　【IMOLD】工具选项卡

【型芯/型腔设计】按钮 ：该模块提供了创建型芯和型腔零件的功能，在模具业为数控加工提供型腔成形面这个过程一般称为分模，在每一个模具设计软件中都提供了这个功能。在 SOLIDWORKS 中，这个模块的功能非常强，它首先创建用于型芯和型腔零件的模块，然后从模型零件上自动提取曲面进行分模，包含了两种分模方式：标准分模和进阶分模。根据产品模型的具体情况可以使用任一种或两种方法来创建型芯和型腔零件。并且这些创建方法均能保证产品模型和创建的型芯、型腔零件间的关联关系。

【镶块设计】按钮 ：镶块用于型芯或型腔容易发生消耗的区域，类似于一种小型芯结构，该功能用于在主模坯和侧型芯里面形成镶块，并且可以在一定间隙条件下创建镶块的空腔实体。

【模腔布局】按钮 ：该模块提供了在多型腔布局的模具中安排各个型腔位置的功能，它的编辑功能还可以对已有的布局结构进行编辑、平移等操作，它的设置界面与SOLIDWORKS 的功能设置界面相似。

【浇注系统】按钮 ：这个模块用于创建注射模的浇口和流道系统，与以往的版本相比，该功能的界面已经完全更新，成为浇口和流道设计的专用工具。其中包含了各种常见的浇口种类，并且对于潜伏式浇口和扇形浇口等都可以使用参数化的方式进行创建，这样用户可以对它们进行快速方便的设计，并且能够实时观察到设置效果。同时，它还提供了直线形和 S 形等各种流道种类，以满足不同的设计需求。而且，设计完成的浇口和流道能够使用模块提供的功能，自动地在模块上通过布尔运算减除相应的材料体积。

【模架设计】按钮：这个模块可以从系统提供的模架库中调入设计所需的模架，并且在调用前有示意图可以观察并对模架参数（如模板厚度、定位螺钉等）进行设置，在所有的模具设计工作完成后，该模块提供了对模板上的所有零件进行槽腔创建的功能，同时对不需要的模板等组件进行清理删除。

【顶杆设计】按钮：这个模块能够在模架中指定的位置添加不同类型的顶杆，也可以通过它的设置界面自定义适合当前设计方案的顶杆。在这个模块中还提供了修剪功能，用于将所有的顶杆修剪到型芯曲面上，在顶杆设置完成后还提供了从顶杆所通过的模板中自动生成槽腔的功能。

【滑块设计】按钮：这个模块中提供了标准的滑块组件，设计者可以很方便地加入一个或几个侧型芯（用于滑块前端），这样可以加工出用于零件外侧的内陷区域的成形部分。设计软件能够自动考虑滑块的位置、行程和斜导柱的角度之间的关系。该模块提供的数据库中有两种滑块类型（标准型和通用型）用于模具设计。

【内抽芯设计】按钮：这个模块同样用于产品上内陷区域的成形，与滑块的设计过程类似，只是它应用在产品的内部表面上。在设置中也需要进行定位、行程和斜顶角度等的考虑。在这个模块提供的数据库中，也包括标准顶块和通用型两种。

【标准件库】按钮：这个模块提供了标准件中的大部分零件用于设计过程，可以从其中的设置界面中选择标准尺寸的零件并方便地添加到设计组件中，同时针对不同的零件提供了合适的约束条件以保证放置在正确的位置上，并且这些添加的零件可以自动创建槽腔。

【冷却通路设计】按钮：这个模块提供了按照指定截面创建冷却管道的功能，定义冷却环路后，还可以根据需要对它进行修改。另外，模块中还从制造的角度考虑增加了许多功能，如钻孔、延伸管道等。创建的冷却管道能从所在的模块中自动创建相应槽腔。

【智能螺钉】按钮：在这个模块中可以将标准类型的螺钉通过尺寸定义后方便地添加进模具结构中。可以定义长度或使它自动达到合适的尺寸。此外，对使用这个模块加入的每一个螺钉，系统都会自动去除它所在零件上的槽腔。

【热流道设计】按钮：利用加热或者绝热以及缩短喷嘴至模腔距离等方法，使浇注系统里的融料在注射和开模过程中始终保持熔融状态，形成热流道模具，该功能用于生成热流道模具所需的零件系统。

【出图】按钮：这个模块提供了创建模具工程图的功能，应用它可以大大提高出图的效率，通过一次点击即可创建两部分的模具草图（定模部分和动模部分）。同时设计者可以根据需要在两个视图间进行零件转移。另外还可以方便地建立模具结构的剖视图，它的视图创建界面与 SOLIDWORKS 的特征创建类似。

【显示管理器】按钮：通过一个界面方便地控制各个组件的显示属性，包括显示/隐藏、透明性设置等。

【IMOLD 工具】按钮：IMOLD 中含有设计模具的其他辅助功能，如材料表、智能螺钉、槽腔、智能点、指定、全部存储、视图管理和最佳视图等，这些功能包含在该工具里。

【包围双 D 型草图】按钮：提供 D 型型芯型腔的草图功能。

【智能点子】按钮🖉：智能点功能大量应用于其他模块中，辅助对某些功能进行点的定位，它可以在一个边或一个面上产生一个点，通过它设置条件可以很方便地在任何位置创建点。

【适宜显示】按钮⬢：这是 IMOLD 中默认的视图，它定义了一个方便在 IMOLD 中观察整个模具设计的视图，单击该按钮后，IMOLD 把模具装配体调整到顶出方向向上的视角。

【模具运动模拟】按钮🗄：提供模具开模合模的运动动画。

【螺纹修复】按钮🖩：用于模具设计中螺纹部分的修改。

【IMOLD 设置】按钮🖼：用于 IMOLD 插件的参数设置。

13.1.2　IMOLD 环境设置

在 Windows 系统中，选择【开始】|【所有程序】|【IMOLD V13 for SOLIDWORKS ×64 Edition】|【License Manager】命令，或者在软件中单击【IMOLD V13】选项卡上的【IMOLD 设置】按钮🖼，弹出【IMOLD 许可协议管理器 V13】对话框，如图 13-4 所示。

图 13-4　【IMOLD 许可协议管理器 V13】对话框

打开【语言】菜单，在【语言】下拉列表中选取想要设置的语言种类，在 IMOLD 中默认提供的语言种类有 English（英语）、Deutsch（德语）、Francais（法语）、日语、繁体中文、简体中文、Polski（波兰语）和 Czech（捷克语）。本书的操作界面选取简体中文。

设置完成后单击【关闭】按钮退出。如果设置时 SOLIDWORKS 软件已处于运行状态，需重新加载启动 IMOLD 插件或重启 SOLIDWORKS 软件，IMOLD 的语言配置方能生效。

13.2 模具设计准备

13.2.1 数据准备

"数据准备"是用来为模具设计项目准备产品模型的工具。用来对模具设计所用的导入模型进行处理，使其置于正确的方向上。虽然对产品模型进行衍生处理不是必须的，但是 IMOLD 推荐用户这么做。

在 IMOLD 中，开模方向定义为 Z 轴，数据准备功能将模型 Z 轴重新定位到开模方向一致的方向上。通过将原始的模型零件变换（旋转和平移）方向后产生一个复制品，这个复制模型将用于整个模具设计的过程中。复制的零件与原始的产品零件间始终保持着关联关系，这样即使在设计后期需要对原始模型进行修改，也可以通过对复制后的模型进行修改实现对整个设计项目的更新。特别是，如果模型零件的 Z 轴方向与软件内定的开模方向不一致，会导致后续设计过程中诸如模架等功能不能在正确的位置上定位。

通常为了稳妥起见，在进行模具设计之前需要进行数据准备工作，然后使用复制后的产品模型零件进行设计，此时除对原始模型进行复制外，还需要调整产品零件的方位，使得其位置符合 IMOLD 中定义的模具开模方向。

这里重新定位产品模型，使其 Z 方向和开模方向一致，然后使用复制的模型进行模具设计。模型零件数据准备过程如下。

（1）零件数据准备

在【IMOLD V13】选项卡中单击 【数据准备】按钮，弹出【需衍生的零件名】对话框，如图 13-5 所示，选取原始的产品模型零件，单击【打开】按钮，将其调入。同时出现【衍生】属性管理器，如图 13-6 所示。

图 13-5 【需衍生的零件名】对话框　　　图 13-6 【衍生】属性管理器

● 衍生输出设置

在【衍生】属性管理器的【输出】选项组中，输入用于复制零件的文件名【衍生零件名】。【拔模分析】按钮用于模型的拔模分析。

● 衍生原点设置

在【原点】选择框中选取一个草图作为新零件的原点位置，如果不设置，系统将保留原始模型的原点位置。

● 新建坐标系

在【新坐标系】选项组中，对产品模型零件的方向进行调整，在【X 轴】、【Y 轴】和【Z 轴】3 个坐标轴的选择框下，可以分别使用两点、一边、一个面或一个平面中的任何一种方法定义坐标轴的方向，还可以通过启用【反向】复选框将指定的方向反向，如图 13-7 所示。

● 平移旋转坐标系

在【平移】选项组中的 3 个输入值【ΔX】、【ΔY】和【ΔZ】分别代表相对于选取点位置的偏置值。在【旋转】选项组中，可以通过在指定坐标轴方向上输入旋转角度对模型进行旋转，来使模型重新定位，如图 13-8 所示。

● 完成零件衍生

设置完成后，单击对话框中的【确定】按钮，完成产品零件的定位和复制操作。

图 13-7 【新坐标系】选项组　　图 13-8 【平移】和【旋转】选项组

（2）零件重定位

使用该功能对复制的模型重新定位，同时也可以对产品模型进行更新。

在【IMOLD V13】选项卡中单击【编辑衍生零件】按钮。

在出现的【被编辑的衍生零件】对话框中，选择先前生成的衍生零件，单击【打开】按钮，如图 13-9 所示。

此时弹出如图 13-10 所示的【编辑衍生零件】属性管理器，接下来的流程和上述一样，可以重新定位零件模型。

图 13-9 【被编辑的衍生零件】对话框   图 13-10 【编辑衍生零件】属性管理器

设置完成后，单击属性管理器中的【确定】按钮☑，完成衍生零件的重定位操作。

13.2.2 分析诊断

分析诊断工具包括拔模分析工具、底切检查工具等，这些工具由 SOLIDWORKS 提供，用于分析产品模型是否可以进行模型设计。分析诊断工具给出产品模型不适合模具设计的区域，然后提交给修正工具对产品模型进行修改。

有了零件的实体，便可以进行模具设计。首要考虑的问题就是模型可以顺利地拔模，否则模型内的零件无法从模具中取出。塑料零件设计者和铸模工具制造者可以使用【模具工具】工具栏中的命令，来检查拔模正确应用到零件面上的情况。如果塑件无法顺利拔模，则模具设计者需要考虑修改零件模型，从而使零件能顺利脱模。

（1）拔模分析

单击【模具工具】工具栏中的【拔模分析】按钮，打开如图 13-11 所示【拔模分析】属性管理器。

● 【分析参数】选项组

主要包括如下参数：

【拔模方向】选择框：用来选择一个平面、一条线性边或轴来定义拔模方向。

【反向】按钮 ：可以更改拔模方向。

【拔模角度】 ：用来输入一个参考拔模角度，将该参考角度与模型中现有的角度进行比较。

● 【颜色设定】选项组

主要包括如下参数：

【颜色】：选择分析面后，里面显示得到的面的分类结果，其中面的数量包括在面分类的范围中，显示为属于此范围颜色块上的数字。

【编辑颜色】按钮：切换默认的拔模面颜色。

最后单击【确定】按钮✔保存零件绘图区的颜色分类。

（2）底切分析

底切分析工具用来查找模型中不能从模具中顶出的被围困区域。此区域需要侧型芯，当主型芯和型腔分离时，侧型芯以与主要型芯和型腔运动垂直的方向滑动，从而使零件可以顶出。底切检查不能用于曲面实体。

单击【模具工具】工具栏中的 【底切分析】按钮，打开如图 13-12 所示【底切分析】属性管理器。

图 13-11　【拔模分析】属性管理器　　　图 13-12　【底切分析】属性管理器

● 【分析参数】选项组

主要包括如下参数：

【拔模方向】选择框：可以选择一个平面、一条线性边或轴来定义拔模方向。

【坐标输入】复选框：沿 X、Y 和 Z 轴设定坐标。

【反向】按钮 ：可以更改拔模方向。

【分型线】 ：为分析选择分型线，评估分型线以上的面以决定它们是否可从分型线以上看见，评估分型线以下的面来决定它们是否可从分型线以下看见。如果指定了分型线，就不必指定【拔模方向】。

●【底切面】选项组

在【底切面】选项组有不同分类的面在图形区域中以不同颜色来显示。

面分类的定义如表 13-1 所示。

表 13-1　面分类的定义

面　分　类	描　　　述
正拔模	根据指定的参考拔模角度，显示带正拔模的任何面。正拔模是指面的角度相对于拔模方向大于参考角度
需要拔模	显示需要校正的任何面，这些为成一个角度的面，此角度大于负参考角度但小于正参考角度
负拔模	根据指定的参考拔模角度，显示带负拔模的任何面。负拔模是指面的角度相对于拔模方向小于负参考角度
跨立面	显示同时包含正拔模和负拔模的任何面。通常，这些是需要生成分割线的面
正陡面	面中既包含正拔模又包含需要拔模的区域，只有曲面才能显示这种情况
负陡面	面中既包含负拔模又包含需要拔模的区域，只有曲面才能显示这种情况

主要包括如下参数：

【方向 1 底切】：从零件或分型线以上不可见的面。

【方向 2 底切】：从零件或分型线以下不可见的面。

【封闭底切】：从零件以上或以下不可见的面。

【跨立底切】：双向拔模的面不可见。

【无底切】：不设置底切面显示。

13.3　分型设计

模具工具用于分模设计，这些工具和 IMOLD 的一些插件类似，只不过是提供了简易的模块，包括【分型线】、【关闭曲面】、【分型面】和【切削分割】工具等。

13.3.1　分型线

分型线位于模具零件的边线上，位于型芯和型腔曲面之间。用分型线来生成分型面并建立模仁的分开曲面。一般模型应用了适当拔模后再生成分型线。运用【分型线】工具可以在单一零件中生成多个分型线特征，以及生成部分分型线特征。

单击【模具工具】工具栏中的【分型线】按钮，打开如图 13-13 所示【分型线】属性管理器。

（1）【模具参数】选项组

【拔模方向】选择框：定义型腔实体拔模以分割型芯和型腔的方向。选择一个基准面、平面或边线，箭头会显示在模型上。其中【反向】按钮，单击可以更改拔模方向。

【拔模角度】微调框：设定一个值，带有小于此数值拔模的面在分析结果中报告为无拔模。

● 【拔模分析】按钮

在单击【拔模分析】按钮以后，在【拔模分析】按钮下出现 4 个色块，表示正、无拔模、负及跨立面的颜色。在图形区域中，模型面更改为相应的拔模分析颜色。

● 【用于型芯/型腔分割】复选框

（注：软件界面显示错误，应为"型芯"）

可以生成一条定义型芯、型腔分割的分型线。

● 【分割面】复选框

可以自动分割在拔模分析过程中找到跨立面。包括【于+/-拔模过渡】：分割正负拔模之间过渡处的跨立面。【于指定的角度】：按指定的拔模角度分割跨立面。

（2）【分型线】选项组

【分型线】选择框🔘：显示为分型线所选择边线的名称。

在【分型线】选择框中，可以选择一个名称以标注在图形区域中识别的边线，可以在图形区域中选择一条边线从【分型线】中添加或移除，可以用鼠标右键单击并选择【消除选择】命令以清除【分型线】中的所有选择的边线。

如果模型包括一个在正拔模面和负拔模面之间（即不包括跨立面）穿越的边线链，则分型线线段自动被选择，并列举在【分型线】选择框中。

如果模型包括多个边线链，最长的边线链自动被选择。

如果想手工选择每条边线进行分型线的添加，则可以用右键单击边线并选择【消除选择】命令，再选择希望成为分型线的边线。

图 13-13　【分型线】
属性管理器

13.3.2　修补破孔

若想将切削块切除为两块，需要两个无任何通孔的完整曲面，即型芯曲面和型腔曲面。【关闭曲面】功能可关闭这样的通孔，该通孔会联结型芯曲面和型腔曲面，一般称作破孔。一般要在生成分型线后生成关闭曲面。关闭曲面通过如下两种方式生成一个曲面修补来闭合通孔：形成连续环的边线和先前生成以定义环的分型线。

单击【模具工具】工具栏中的【关闭曲面】按钮🖐，打开如图 13-14 所示【关闭曲面】属性管理器。

当生成关闭曲面时，软件会用适当曲面增加型腔曲面实体和型芯曲面实体，如图 13-15 所示。

（1）【边线】选项组

● 【边线】选择框

这里列举出为关闭曲面所选择的边线或分型线的名称。在【边线】选项组中，可以在绘图区域中选择一条边线或分型线以从【边线】选择框🔄中添加或移除；选择一个名称以标注在绘图区域中已经识别的边线；用鼠标右键单击并选择【清除选择】命令以清除【边线】选择框🔄中的所有选择；在图形区域中用鼠标右键单击所选环，然后选择【消除选择环】命令，可以把该环从【边线】中移除。

图 13-14 【关闭曲面】属性管理器   图 13-15 关闭曲面模型

可以手工选择边线。在图形区域中选择一个边线，然后使用选择工具依次选择边线来完成环。

● 【缝合】复选框

启用【缝合】复选框，将每个关闭曲面连接成型腔和型芯曲面，这样【型腔曲面实体】和【型芯曲面实体】分别包含一个曲面实体。当取消启用此复选框时，曲面修补不缝合到型芯及型腔曲面，这样【型腔曲面实体】和【型芯曲面实体】包含许多曲面。如果有很多低质量曲面（如带有 IGES 输入问题），可能需要消除选择此选项，以免出现缝合失败的问题，并在使用【关闭曲面】工具后再手工分析并修复问题。

● 【过滤环】复选框

用于过滤不是有效孔的环，如果模型中有效的孔被过滤，则取消启用此复选框。

● 【显示预览】复选框

用于在图形区域中显示修补曲面的预览。

● 【显示标注】复选框

用于为每个环在图形区域中显示标注。

（2）【重设所有修补类型】选项组

这里可以选择不同的填充类型（接触、相切或无填充）来控制修补的曲率。在绘图区单击一个标注可以把环的填充类型从【全部相触】更改到【全部相切】或【全部不填充】来填充破孔。

● 【全部相触】按钮 ◯：在所选边界内生成曲面，此为所有自动选择的环的曲面填充默认类型。

● 【全部相切】按钮 ●：在所选边界内生成曲面，但保持修补到相邻面的相切。可以单击模型中的箭头来更改为相切使用哪些面。

●【全部不填充】按钮 ⊕：不生成曲面（通孔不修补），此按钮告知 SOLIDWORKS 应
用程序在确定型芯和型腔能否分离时忽略这些边线。

若想将切削块切除为两块，需要两个无任何通孔的完整曲面（一个是型芯曲面和一个
是型腔曲面）。关闭曲面工具最好能够自动识别并填充所有通孔。

13.4　型芯

模具的分型从型芯开始，下面介绍分型中的分型面和分割型芯命令。

13.4.1　分型面

在创建分型线并生成关闭曲面后，就可以生成分型面。分型面从
分型线拉伸，用来把模具型腔从型芯分离。

单击【模具工具】工具栏中的【分型面】按钮 ◈，打开【分型面】
属性管理器，如图 13-16 所示。

（1）【模具参数】选项组

●【相切于曲面】单选按钮：分型面与分型线的曲面相切。

●【正交于曲面】单选按钮：分型面与分型线的曲面正交。

●【垂直于拔模】单选按钮：分型面与拔模方向垂直，此为最普
通类型，为默认值。

（2）【分型线】选项组

●【分型线】选择框 ◈：显示为分型线所选择边线的名称。

在【分型线】选择框中，可以选择一个名称以标注在图形区域中
识别的边线；在图形区域中选择一个边线从【分型线】中添加或移除；
用右键单击并选择【消除选择】选项以清除【分型线】中所有选择的
边线。

可以手工选择边线。在图形区域中选择一条边线，然后使用一系
列的【选择工具】来完成。

（3）【分型面】选项组

●【距离】文本框：为分型面的宽度设定数值，单击【反向】按
钮 ↗ 可以更改从分型线延伸的方向。

●【角度】 ↳：可以（对于【相切于曲面】或【正交于曲面】）设
定一个值，会将角度从垂直于曲面更改到拔模方向。

图 13-16 【分型面】
属性管理器

●【平滑】：实现在相邻曲面之间应用一个更平滑的过渡。其中【尖锐】 ⟋ 为默认值，
【平滑】 ⟋ 为相邻边线之间的距离设定一个 ⟳ 数值，高的数值在相邻边线之间生成更
平滑过渡。

（4）【选项】选项组

●【缝合所有曲面】复选项：选择以自动缝合曲面。对于大部分模型，曲面正确生成。
如果需要修复相邻曲面之间的间隙，取消选择此选项以阻止曲面缝合。

● 【显示预览】复选项：选择在图形区域中预览曲面，消除选择以优化系统性能。

● 【手工模式】复选项：选择可以手动输入的对象。

13.4.2　分割型芯

当定义完分型面以后，便可以使用【切削分割】工具为模型生成型芯和型腔块了。欲生成切削分割，【曲面实体】的文件夹中需要最少三个曲面实体：一个是型芯的曲面实体、一个是型腔的曲面实体以及一个分型面实体。可生成切削分割用于多个实体，例如多件模。

图 13-17　【切削分割】
属性管理器

单击【模具工具】工具栏中的【切削分割】按钮，打开如图 13-17 所示的【切削分割】属性管理器。

（1）【块大小】选项组

● 【方向 1 深度】：设定一个方向数值。

● 【方向 2 深度】：设定一个方向数值。

● 【连锁曲面】复选框

如果要生成一个可帮助阻止型芯和型腔块移动的曲面，选择【连锁曲面】复选框，这样将沿分型面的周边生成一个连锁曲面。可以为拔模角度设定一个数值。连锁曲面通常有 5° 拔模。对于大部分模型，手工生成连锁曲面比在这里使用自动生成连锁曲面更好一些。选择【插入】|【特征】|【移动/复制】菜单命令，来分离切削分割实体，以方便观察模具组件。

（2）模具组件选项组

绘制一个延伸到模型边线以外，位于分型面边界内的矩形作为型芯。

在【型芯】选项组下，型芯曲面实体出现。

在【型腔】选项组下，型腔曲面实体出现。

在【分型面】选项组下，分型面实体出现。另外，可以为一个切削分割指定多个不连续型芯和型腔曲面。

13.5　设计范例

13.5.1　轮盘模具设计范例

扫码看视频

 本范例完成文件：范例文件/第 13 章/13-1.SLDPRT

 多媒体教学路径：多媒体教学→第 13 章→13.5.1 范例

 范例分析

本范例是一个轮盘模具设计的过程，首先对零件进行拔模分析，之后进行分型线分析，再创建分型线，形成分型面，最后创建型芯型腔，完成模具设计。

 范例操作

Step1 拔模分析

① 打开轮盘零件后进入模具设计环境，单击【模具工具】工具栏中的【拔模分析】按钮，设置拔模分析参数，如图 13-18 所示。

② 创建轮盘零件模型的拔模分析。

图 13-18　拔模分析

Step2 分型线分析

① 单击【模具工具】工具栏中的【分型线分析】按钮，设置分型线分析参数，如图 13-19 所示。

② 创建轮盘零件模型的分型线分析。

图 13-19　分型线分析

Step3 创建分型线

① 单击【模具工具】工具栏中的【分型线】按钮 ⚙，设置分型线参数，如图 13-20 所示。

② 在模型上创建分型线。

图 13-20　创建分型线

Step4 创建分型面

① 单击【模具工具】工具栏中的【分型面】按钮 ⚙，设置分型面参数，如图 13-21 所示。

② 在模型上创建分型面。

图 13-21　创建分型面

Step5 绘制圆形草图

进入草图绘制环境，单击【草图】工具栏中的【圆】按钮 ⊙，绘制圆形，如图 13-22 所示。

图 13-22　绘制圆形

Step6 创建型芯型腔

① 单击【模具工具】工具栏中的【切削分割】按钮 ，设置切削分割参数，如图 13-23 所示。

② 创建型芯型腔，这样就完成轮盘模具范例的设计，结果如图 13-24 所示。

图 13-23　创建切削分割

图 13-24　轮盘模具

13.5.2　齿轮模具设计范例

 本范例完成文件：范例文件/第 13 章/13-2.SLDPRT

 多媒体教学路径：多媒体教学→第 13 章→13.5.2 范例

 范例分析

本范例是一个齿轮模具设计的过程，首先对零件进行拔模分析，之后进行分型线分析，再创建分型线，形成分型面，并封闭曲面，最后创建型芯型腔，完成模具设计。

范例操作

扫码看视频

Step1 拔模分析

① 打开齿轮零件后进入模具设计环境，单击【模具工具】工具栏中的【拔模分析】按钮 ，设置拔模分析参数，如图 13-25 所示。

② 创建轮盘零件模型的拔模分析。

图 13-25　拔模分析

Step2 分型线分析

① 单击【模具工具】工具栏中的【分型线分析】按钮 ，设置分型线分析参数，如

图 13-26 所示。

② 创建轮盘零件模型的分型线分析。

图 13-26　分型线分析

Step3 创建分型线

① 单击【模具工具】工具栏中的【分型线】按钮 ，设置分型线参数，如图 13-27 所示。

② 在模型上创建分型线。

图 13-27　创建分型线

Step4 创建分型面

① 单击【模具工具】工具栏中的【分型面】按钮 ，设置分型面参数，如图 13-28 所示。

② 在模型上创建分型面。

图 13-28   创建分型面

Step5 封闭模型上的孔

① 单击【模具工具】工具栏中的【关闭曲面】按钮 ，设置关闭曲面参数，如图 13-29 所示。

② 封闭模型上的孔。

图 13-29   关闭曲面

Step6 绘制圆形

进入草绘环境，单击【草图】工具栏中的【圆】按钮 ⊙ ，绘制圆形，如图 13-30 所示。

图 13-30 绘制圆形

Step7 创建型芯型腔

① 单击【模具工具】工具栏中的【切削分割】按钮 ☎ ，设置切削分割参数，如图 13-31 所示。

② 创建型芯型腔，这样就完成齿轮模具范例的设计，结果如图 13-32 所示。

图 13-31 创建切削分割

图 13-32 齿轮模具

13.6 本章小结

本章重点讲解了 IMOLD 插件的模具设计，介绍了模具数据准备和项目管理的方法，在创建分型线时，过渡点的放置较为重要。分型面是模具设计中比较重要的一步，分型面选择的好坏直接影响到模具质量，对产品质量起着一定的作用。

综合设计范例

在学习了 SOLIDWORKS 2021 的主要设计功能后，本章介绍 SOLIDWORKS 2021 设计的综合范例，以加深读者对于 SOLIDWORKS 2021 主要设计方法的理解，同时增强绘图实战经验。本章介绍的三个案例是 SOLIDWORKS 2021 设计中比较典型的案例，分别是机械零件、曲面造型和零件装配模型的绘制，覆盖了 SOLIDWORKS 主要的设计应用领域，具有很强的代表性，希望读者能认真学习并掌握。

14.1　制作机床定位件范例

扫码看视频

📀 **本节范例完成文件**：范例文件/第 14 章/14-1.SLDPRT

🎥 **多媒体教学路径**：多媒体教学→第 14 章→14.1 范例

图 14-1　机床定位件模型

14.1.1　范例分析

本范例是创建一个机床定位件模型，范例效果如图 14-1 所示，它一般会有销、板、槽等特征，导板对毛坯送进起导向作用，挡销限制毛坯送进的位置。

范例制作中首先创建基体部分，使用拉伸和拉伸切除命令完成大部分特征的创建；之后创建档槽，依次创建特征，并使用拉伸切除方法创建孔；最后创建档孔部分，使用拉伸和扫描等特征创建主体，并进行倒角。

14.1.2   范例操作

Step1 创建基体部分的矩形草图 1

①新建图形文件，首先创建基体部分，选择上视基准面进入草绘状态，如图 14-2 所示。

②在绘图区中，绘制 200×80 的矩形。

图 14-2   绘制矩形草图 1

Step2 创建基体部分的拉伸特征 1

①单击【特征】工具栏中的【拉伸凸台/基体】按钮，设置拉伸特征参数，如图 14-3 所示。

②对上一步绘制的草图进行拉伸操作，形成基体部分的第 1 个特征。

图 14-3   创建基体拉伸特征 1

Step3 绘制基体的矩形草图 2

选择模型上面作为草绘面，绘制 120×60 的矩形，如图 14-4 所示。

Step4 创建基体的拉伸特征 2

① 单击【特征】工具栏中的【拉伸凸台/基体】按钮 📦，设置拉伸特征参数，如图 14-5 所示。

② 对上一步绘制的草图进行拉伸操作，形成基体部分的第 2 个特征。

图 14-4　绘制基体矩形草图 2　　　　　　图 14-5　创建基体拉伸特征 2

Step5 绘制基体的矩形草图 3

选择模型上面作为草绘面，绘制宽为 70 的矩形，如图 14-6 所示。

Step6 创建基体的拉伸切除特征 1

① 单击【特征】工具栏中的【拉伸切除】按钮 📦，设置拉伸切除特征参数，如图 14-7 所示。

② 在基体上创建出拉伸切除特征 1。

图 14-6　绘制基体矩形草图 2　　　　　　图 14-7　创建基体拉伸切除特征 1

Step7 绘制基体的矩形草图 4

进入草绘状态，绘制 46×20 的矩形，如图 14-8 所示。

图 14-8 绘制基体矩形草图 4

Step8 创建基体的拉伸切除特征 2

①单击【特征】工具栏中的【拉伸切除】按钮 ⬜，设置拉伸切除特征参数，如图 14-9 所示。

②在基体上创建拉伸切除特征 2。

图 14-9 创建基体拉伸切除特征 2

Step9 创建基体的抽壳特征

①单击【特征】工具栏中的【抽壳】按钮 ⬜，设置抽壳参数，如图 14-10 所示。

②在绘图区中，选择去除的平面，进行抽壳操作。

图 14-10　创建基体抽壳特征

Step10 绘制基体的矩形草图 5

进入草绘状态，绘制 40×14 的矩形，如图 14-11 所示。

图 14-11　绘制基体矩形草图 5

Step11 创建基体的拉伸切除特征 3

①单击【特征】工具栏中的【拉伸切除】按钮 ▣，设置拉伸切除特征参数，如图 14-12 所示。

②在基体上创建拉伸切除特征 3。

Step12 创建基体的异型孔

①单击【特征】工具栏中的【异形孔向导】按钮 ◉，设置孔的参数，如图 14-13 所示。

②在绘图区中，设置孔的位置，创建异形孔。

Step13 创建阵列特征完成基体部分

①单击【特征】工具栏中的【线性阵列】按钮 ▦，设置线性阵列参数，如图 14-14 所示。

② 在绘图区中，选择异形孔创建线性阵列，完成基体部分的制作。

图 14-12　创建基体拉伸切除特征 3

图 14-13　创建基体异形孔

图 14-14　创建阵列特征完成基体

Step14 绘制档槽的草图 1

下面绘制档槽，进入草绘状态，绘制直线草图图形，如图 14-15 所示。

图 14-15 绘制档槽草图 1

Step15 创建档槽的拉伸特征 1

①单击【特征】工具栏中的【拉伸凸台/基体】按钮，设置拉伸特征参数，如图 14-16 所示。

②对上一步绘制的草图进行拉伸操作，形成档槽部分的第 1 个特征。

图 14-16 创建档槽拉伸特征 1

Step16 绘制档槽的草图 2

进入草绘状态，绘制 80×20 的矩形草图，如图 14-17 所示。

图 14-17　绘制档槽草图 2

Step17 创建档槽的拉伸切除特征 1

①单击【特征】工具栏中的【拉伸切除】按钮 🔲 ，设置拉伸切除特征参数，如图 14-18 所示。

②进行拉伸切除操作。

图 14-18　创建档槽拉伸切除特征 1

Step18 创建档槽的圆角特征 1

①单击【特征】工具栏中的【圆角】按钮 🔳 ，设置圆角特征参数，如图 14-19 所示。

②在绘图区中，选择圆角边线进行圆角操作。

Step19 绘制档槽的草图 3

进入草绘状态，绘制 54×11 的矩形草图，如图 14-20 所示。

Step20 创建档槽的拉伸切除特征 2

①单击【特征】工具栏中的【拉伸切除】按钮 🔲 ，设置拉伸切除特征参数，如图 14-21 所示。

② 进行拉伸切除操作。

图 14-19　创建档槽圆角特征 1

图 14-20　绘制档槽草图 3

图 14-21　创建档槽拉伸切除特征 2

Step21 绘制档槽的草图 4

进入草绘状态，绘制 30×30 的矩形草图，如图 14-22 所示。

图 14-22 绘制档槽草图 4

Step22 创建档槽的拉伸切除特征 3

① 单击【特征】工具栏中的【拉伸切除】按钮 ⬚，设置拉伸切除特征参数，如图 14-23 所示。

② 进行拉伸切除操作。

图 14-23 创建档槽拉伸切除特征 3

Step23 绘制档槽的草图 5

进入草绘状态，绘制两个直径为 10 的圆形草图，如图 14-24 所示。

图 14-24 绘制档槽草图 5

Step24 创建拉伸切除特征 4 完成档槽部分

① 单击【特征】工具栏中的【拉伸切除】按钮 ▣，设置拉伸切除特征参数，如图 14-25 所示。

② 进行拉伸切除操作，完成档槽部分的制作。

图 14-25　创建档槽拉伸切除特征 4

Step25 绘制档孔的草图 1

下面绘制档孔，进入草绘状态，绘制矩形草图图形，如图 14-26 所示。

图 14-26　绘制档孔草图 1

Step26 创建档孔的拉伸特征 1

① 单击【特征】工具栏中的【拉伸凸台/基体】按钮 ▣，设置拉伸特征参数，如图 14-27 所示。

② 对上一步绘制的草图进行拉伸操作，形成档孔部分的第 1 个特征。

Step27 绘制档孔的草图 2

以上一步拉伸特征的上面作为基准面，进入草绘状态，绘制圆形图形，如图 14-28 所示。

Step28 创建档孔的拉伸特征 2

① 单击【特征】工具栏中的【拉伸凸台/基体】按钮 ▣，设置拉伸特征参数，如图 14-29 所示。

② 对上一步绘制的草图进行拉伸操作。

图 14-27 创建档孔拉伸特征 1

图 14-28 绘制档孔草图 2

图 14-29 创建档孔拉伸特征 2

Step29 绘制档孔的草图 3

以上一步拉伸特征的上面作为基准面,进入草绘状态,绘制直径为 50 的圆形,如图 14-30 所示。

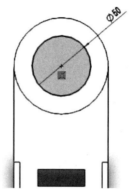

图 14-30　绘制档孔草图 3

Step30 创建档孔的拉伸切除特征 1

①单击【特征】工具栏中的【拉伸切除】按钮 ,设置拉伸切除特征参数,如图 14-31 所示。

②进行拉伸切除操作。

图 14-31　创建档孔拉伸切除特征 1

Step31 绘制档孔的草图 4

以右视基准面作为基准面进入草绘状态,绘制直径为 20 的圆形,如图 14-32 所示。

Step32 创建档孔的拉伸切除特征 2

①单击【特征】工具栏中的【拉伸切除】按钮 ,设置拉伸切除特征参数,如图 14-33 所示。

❷进行拉伸切除操作。

图 14-32　绘制档孔草图 4

图 14-33　创建档孔拉伸切除特征 2

Step33 绘制档孔的草图 5

再次进入草绘状态，绘制直径为 10 的圆形，如图 14-34 所示。

图 14-34　绘制档孔草图 5

Step34 创建档孔的拉伸切除特征 3

①单击【特征】工具栏中的【拉伸切除】按钮，设置拉伸切除特征参数，如图 14-35 所示。

②进行拉伸切除操作。

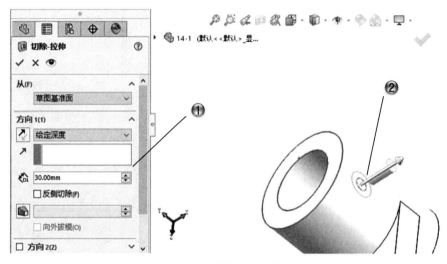

图 14-35　创建档孔拉伸切除特征 3

Step35 创建档孔的倒角特征 1

①单击【特征】工具栏中的【倒角】按钮，设置倒角特征参数，如图 14-36 所示。

②在绘图区中，选择倒角边线进行倒角操作。

图 14-36　创建档孔倒角特征 1

Step36 绘制档孔的草图 6

选择右视基准面进入草绘状态，绘制 10×3 的矩形，如图 14-37 所示。

图 14-37　绘制档孔草图 6

Step37 创建档孔的旋转特征

①单击【特征】工具栏中的【旋转凸台/基体】按钮 ，设置旋转特征参数，如图 14-38 所示。

②对上一步绘制的草图进行旋转特征操作。

图 14-38　创建档孔旋转特征

Step38 创建档孔的倒角特征 2

①单击【特征】工具栏中的【倒角】按钮 ⬡，设置倒角特征参数，如图 14-39 所示。

②在绘图区中，选择倒角边线进行倒角操作。

Step39 绘制档孔的草图 7

选择右视基准面进入草绘状态，绘制 5×5 的矩形，如图 14-40 所示。

Step40 创建档孔的旋转切除特征

①单击【特征】工具栏中的【旋转切除】按钮 🗾，设置旋转切除特征参数，如图 14-41 所示。

② 进行旋转切除特征操作。

图 14-39　创建档孔倒角特征 2

图 14-40　绘制档孔草图 7

图 14-41　创建档孔旋转切除特征

Step41 绘制档孔的草图 8

再次进入草绘状态，绘制两个直径为 64 的圆形，如图 14-42 所示。

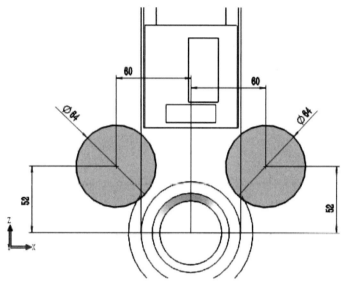

图 14-42 绘制档孔草图 8

Step42 创建拉伸切除特征 4 完成档孔

①单击【特征】工具栏中的【拉伸切除】按钮 ，设置拉伸切除特征参数，如图 14-43 所示。

②进行拉伸切除操作，完成档孔部分的制作。至此，这个机床定位件范例制作完成，结果如图 14-44 所示。

图 14-43 创建档孔拉伸切除特征 4

图 14-44　机床定位件最终结果

14.2　绘制雨伞范例

扫码看视频

> **本节范例文件**：范例文件/第 14 章/14-2. SLDPRT
>
> **多媒体教学路径**：多媒体教学→第 14 章→14.2 范例

14.2.1　范例分析

本例将绘制雨伞的模型，范例效果如图 14-45 所示，这个范例是曲面模型设计中较为典型的设计范例。

这个范例首先通过旋转特征绘制出伞面，然后进行扫描操作并进行旋转复制绘制出伞骨，最后通过扫描操作和倒角操作绘制出伞把和其他部分。

图 14-45　雨伞模型

14.2.2 范例操作

Step1 绘制圆弧草图

①新建图形文件，单击【草图】工具栏中的【草图绘制】按钮 ⊏ ，选择前视基准面，进行草图绘制，如图 14-46 所示。

②在前视基准面上绘制圆弧草图。

图 14-46 绘制圆弧

Step2 创建旋转特征

①单击【特征】工具栏中的【旋转凸台/基体】按钮 ⊜ ，设置旋转特征参数，如图 14-47 所示。

②对上一步绘制的草图进行旋转特征操作，形成伞面。

图 14-47 创建旋转特征

Step3 绘制等距图形

选择前视基准面进入草绘状态，单击【草图】选项卡中的【等距实体】按钮 ⊏ ，创建等距图形，如图 14-48 所示。

Step4 绘制圆形 1

选择右视基准面进入草绘状态，单击【草图】选项卡中的【圆】按钮 ⊙ ，绘制直径为 4 的圆形，如图 14-49 所示。

图 14-48　绘制等距图形

图 14-49　绘制圆形 1

Step5 创建扫描特征 1

①单击【特征】工具栏中的【扫描】按钮 ，设置扫描特征参数，如图 14-50 所示。

②对上面的草图进行扫描特征操作。

图 14-50　创建扫描特征 1

Step6 创建圆周阵列

①单击【特征】工具栏中的【圆周阵列】按钮 ，设置圆周阵列特征参数，如图 14-51 所示。

②将扫描特征 1 进行圆周阵列操作，绘制出伞骨。

图 14-51　创建圆周阵列

Step7 创建基准面 1

① 单击【特征】工具栏中的【基准面】按钮 ，设置创建基准面参数，如图 14-52 所示。

② 以上视基准面为参考创建基准面 1。

图 14-52　创建基准面 1

Step8 绘制圆形 2

选择基准面 1 进入草绘状态，绘制直径为 20 的圆形，如图 14-53 所示。

Step9 绘制直线草图

选择前视基准面进入草绘状态，绘制直线图形草图，如图 14-54 所示。

图 14-53　绘制圆形 2

图 14-54　绘制直线图形

Step10 创建扫描特征 2

① 单击【特征】工具栏中的【扫描】按钮 ，设置扫描特征的参数，如图 14-55 所示。

② 对上面的草图进行扫描特征操作。

图 14-55　创建扫描特征 2

Step11 创建倒角特征

① 单击【特征】工具栏中的【倒角】按钮 ◎ ，设置倒角特征参数，如图 14-56 所示。

② 选择倒角边线进行倒角操作。至此完成雨伞范例模型制作，结果如图 14-57 所示。

图 14-56　创建倒角特征

图 14-57　雨伞模型结果

14.3　制作套管轴装配范例

扫码看视频

本节范例文件：范例文件/第 14 章/14-3-1.SLDPRT、14-3-2.SLDPRT、14-3-3.SLDPRT、14-3.SLDASM、14-3L.SLDASM

多媒体教学路径：多媒体教学→第 14 章→14.3 范例

14.3.1　范例分析

本例是创建套管轴的模型，范例效果如图 14-58 所示，范例主要是讲解套管轴的零件制作和装配方法，并介绍装配爆炸视图等操作。

这个范例首先创建 3 个零件模型，然后创建装配体文件，并进行装配定位，完成装配体模型，接下来在装配体基础上进行编辑，创建爆炸视图，将零件分别进行移动形成爆炸视图，最后创建轴测剖面视图。

图 14-58　套管轴模型

14.3.2　范例操作

Step1　绘制零件 1 的草图 1

①首先创建第 1 个零件，单击【草图】工具栏中的【草图绘制】按钮◻，选择上视基准面，进行草图绘制，如图 14-59 所示。

②绘制 200×200 的矩形并对四个角进行圆角操作，然后绘制四个直径为 20 的圆形。

图 14-59　绘制零件 1 草图 1

Step2 创建零件 1 的拉伸特征 1

① 单击【特征】工具栏中的【拉伸凸台/基体】按钮，设置拉伸特征参数，如图 14-60 所示。

② 对上一步绘制的草图进行拉伸操作。

图 14-60　创建零件 1 拉伸特征 1

Step3 绘制零件 1 的草图 2

选择模型面进入草绘状态，绘制直线图形，如图 14-61 所示。

图 14-61　绘制零件 1 草图 2

Step4 创建零件 1 的拉伸特征 2

① 单击【特征】工具栏中的【拉伸凸台/基体】按钮，设置拉伸特征参数，如图 14-62 所示。

② 对上一步绘制的草图进行拉伸操作。

图 14-62　创建零件 1 拉伸特征 2

Step5 绘制零件 1 的草图 3

选择右视基准面进入草绘状态，绘制直径为 200 的圆形，如图 14-63 所示。

图 14-63　绘制零件 1 草图 3

Step6 创建零件 1 的拉伸特征 3

①单击【特征】工具栏中的【拉伸凸台/基体】按钮，设置拉伸特征参数，如图 14-64 所示。

②对上一步绘制的草图进行拉伸操作，至此零件 1 制作完成。

图 14-64　完成零件 1

Step7 绘制零件 2 的草图 1

下面制作零件 2，选择前视基准面进入草绘状态，绘制两个同心圆形，如图 14-65 所示。

图 14-65 绘制零件 2 草图 1

Step8 创建零件 2 的拉伸特征

① 单击【特征】工具栏中的【拉伸凸台/基体】按钮，设置拉伸特征参数，如图 14-66 所示。

② 对上一步绘制的草图进行拉伸操作。

图 14-66 创建零件 2 拉伸特征

Step9 创建零件 2 的孔特征

① 单击【特征】工具栏中的【异形孔向导】按钮，设置孔特征参数，如图 14-67 所示。

② 在模型上进行孔特征操作。

图 14-67 创建零件 2 孔特征

Step10 阵列孔特征完成零件 2

① 单击【特征】工具栏中的【圆周阵列】按钮 ，设置圆周阵列参数，如图 14-68 所示。

② 选择孔特征进行圆周阵列操作，至此完成零件 2 的制作。

图 14-68　完成零件 2

Step11 绘制零件 3 的草图 1

下面制作零件 2，选择前视基准面进入草绘状态，绘制直线图形，如图 14-69 所示。

图 14-69　绘制零件 3 草图 1

Step12 创建零件 3 的旋转特征

① 单击【特征】工具栏中的【旋转凸台/基体】按钮 ，设置旋转特征参数，如图 14-70 所示。

② 对上一步绘制的草图进行旋转特征操作，完成零件 3 的制作。

图 14-70　完成零件 3

Step13 插入装配体的零件 1

① 下面开始制作装配体，新建一个装配体文件，单击【装配图】工具栏中的【插入零件】按钮 ，设置【开始装配体】参数，如图 14-71 所示。

② 打开并放置零件 1。

图 14-71　插入零件 1

Step14 插入零件 2

单击【装配图】工具栏中的【插入零件】按钮 ，打开并放置零件 2，如图 14-72 所示。

图 14-72　插入零件 2

Step15 设置配合约束 1

① 单击【装配图】工具栏中的【配合】按钮 ，选择配合关系为"同轴心"和"重合"，设置其中的参数，如图 14-73 所示。

② 设置零件配合的约束关系 1。

Step16 插入零件 3

单击【装配图】工具栏中的【插入零件】按钮 ，打开并放置零件 3，如图 14-74 所示。

图 14-73　设置配合约束 1

图 14-74　插入零件 3

Step17 设置配合约束 2

①单击【装配图】工具栏中的【配合】按钮 ⬭ ，选择配合关系为 "同轴心" 和 "重合"，设置其中的参数，如图 14-75 所示。

②设置零件配合的约束关系 2。

图 14-75　设置配合约束 2

Step18 完成装配体

再次插入零件 2，设置好配合约束关系，完成装配体的装配操作，结果如图 14-76 所示。

图 14-76 完成装配体

Step19 创建爆炸图步骤 1

① 单击【装配图】工具栏中的【爆炸视图】按钮 🔧，设置步骤 1 的参数，如图 14-77 所示。

② 在绘图区中，设置并移动零件。

图 14-77 创建爆炸图步骤 1

Step20 创建爆炸图步骤 2

① 在【爆炸】属性管理器中，创建并设置爆炸步骤 2 的参数，如图 14-78 所示。

② 在绘图区中，设置并移动零件。

Step21 创建爆炸图步骤 3

① 在【爆炸】属性管理器中，创建并设置爆炸步骤 3 的参数，如图 14-79 所示。

② 在绘图区中，设置并移动零部件。

图 14-78　创建爆炸图步骤 2

图 14-79　创建爆炸图步骤 3

Step22 创建轴测剖视图剖切草图

单击【装配图】工具栏中的【拉伸切除】按钮 ，选择上视基准面进入草绘状态，绘制矩形，如图 14-80 所示。

图 14-80　创建轴测剖视图剖切草图

Step23 创建拉伸切除特征完成轴测剖视图

① 在【切除-拉伸】属性管理器中设置拉伸切除特征的参数，如图 14-81 所示。

②进行拉伸切除操作，完成轴测剖视图，结果如图 14-82 所示。至此，这个范例制作完成。

图 14-81　创建拉伸切除特征

图 14-82　轴测剖视图

14.4　本章小结

　　本章主要介绍了使用 SOLIDWORKS 2021 进行设计的综合范例，分别从 SOLIDWORKS 最常用的设计功能入手，进行三个范例绘制过程的详细讲解，使读者对 SOLIDWORKS 各设计功能有一个整体的认识，从而综合完成实际的设计范例制作。需要读者注意的是，在设计实际范例的操作过程中，最重要的是要注意模型的参数对应性和整体性。